口絵 1　豊かな食生活を支える各種の水産物
マグロの美しい赤い色調が超低温により保持され，ブランチング（凍結前加熱）によりウニの凍結が可能になるなど，各種技術開発の成果により水産物の多くが冷凍流通可能となってきた．しかしその一方で，とくに食感を重視する水産物（生ウニ，生鮮貝類など）では凍結による品質劣化抑制技術が確立されていないものも多く存在する．その解決のためには，凍結-保管-解凍を含めたシステムとしての技術の構築が必要である．（2・3 章）
（写真は冷凍水産物の例．上段：株式会社ニチレイフレッシュ提供，下段：マルハニチロ株式会社提供）

1．冷凍すり身

2．各種練り製品

3．各種かに風味かまぼこ

口絵 2　わが国で開発され，全世界の各種魚種から製造されるようになった冷凍すり身
水晒しにより不要成分を除去した魚肉に糖類を混合することにより凍結耐性を付与した素材で，各種練り製品の原料として重要な役割を果たしている．（1 章）
（1：マルハニチロ株式会社提供，2：全国蒲鉾水産加工業協同組合連合会提供）

1．三枚卸ししたスケトウダラ

2．フィレの盤詰め

3．凍結したフィッシュブロック

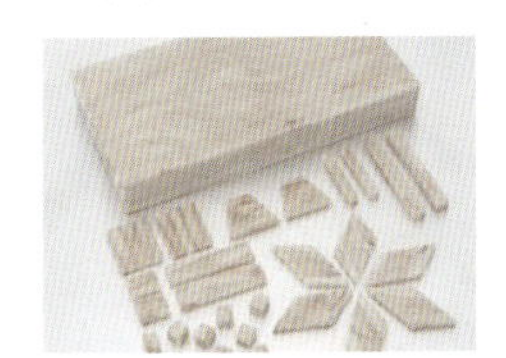

4．各種形状の成形品

5．フィッシュポーション原料

6．フィッシュポーション調理例

口絵 3　フィッシュブロックの製造法と利用例
スケトウダラのフィレをインナーカートンに充填し，冷凍パン枠をつけてコンタクトフリーザーで加圧急速凍結したフィッシュブロックは，近年は冷凍すり身と並んで基礎素材として世界的に需要が高い．（1 章）
（1 ～ 4：デルマール株式会社提供，5 ～ 6：日本水産株式会社提供）

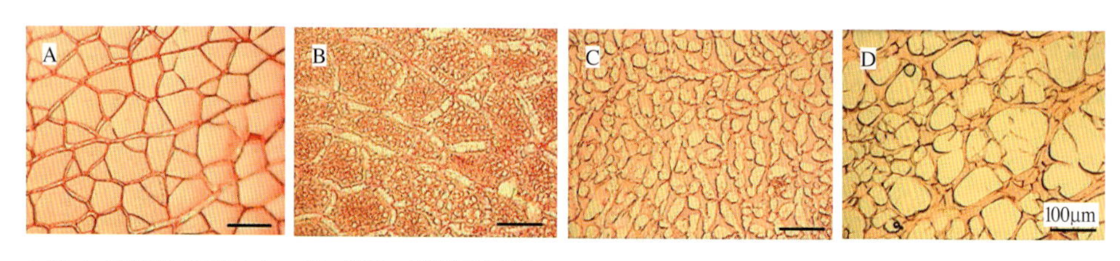

口絵 4　凍結速度の異なるマグロ組織の顕微鏡観察図
氷結晶のサイズは凍結速度に依存し，凍結速度が速いほど小さくなる（2 章）．しかし，氷結晶サイズと凍結物の品質の関係はまだ明確に明らかにされているわけではない（3 章）．（A：凍結前，B：液体窒素凍結，C：－40℃凍結，D：－18℃凍結）

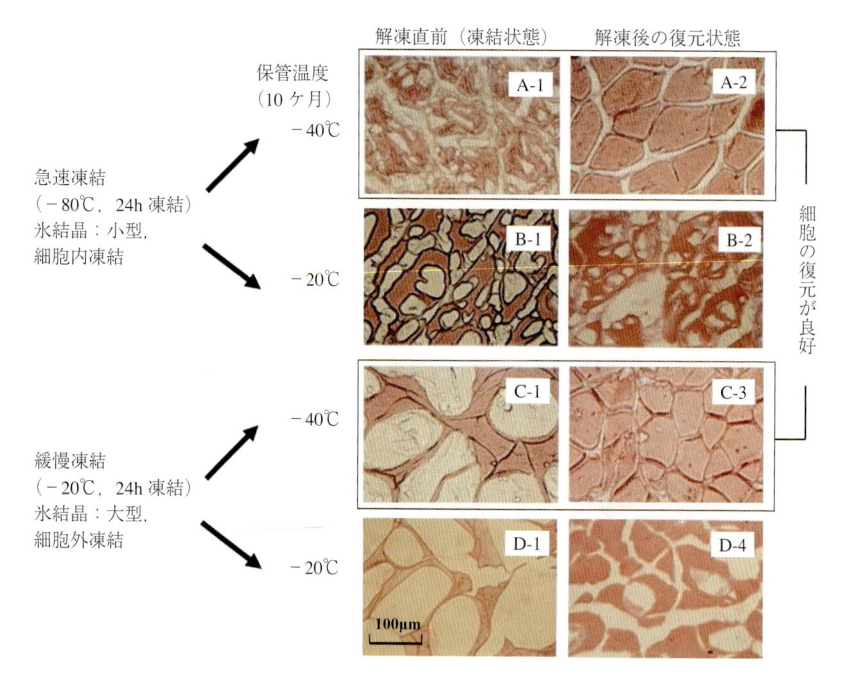

口絵 5　マサバ魚肉筋肉細胞における氷結晶生成と解凍後の復元に及ぼす凍結速度と貯蔵条件の影響
凍結状態では，急速凍結（A-1，B-1）では氷結晶が小さく一部に細胞内凍結も観察されるのに対し，緩慢凍結（C-1，D-1) では明らかに大きな氷結晶が形成されている．一方，解凍後の復元状態は，低温保管（－40℃）（A-2，C-2）では良好に復元しているのに対し，高温保管（－20℃）（B-2，D-2）では細胞の破壊がみられる．すなわち，生鮮魚肉のように未変性タンパク質を主体とする素材では，氷結晶の微細化よりも保管温度がまず優先されるべきであることがわかる．（3 章）

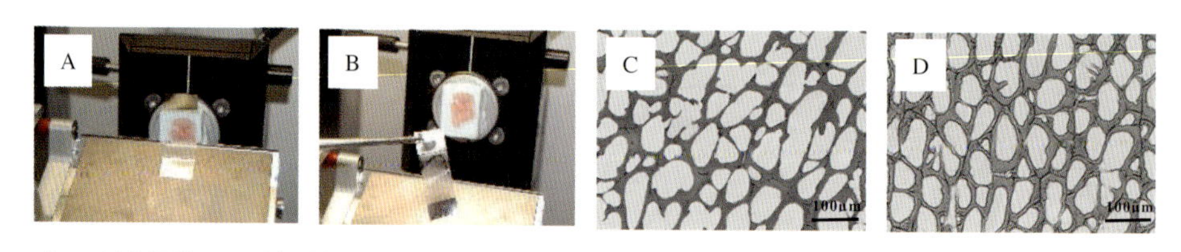

口絵 6　近年開発された低温粘着フィルムを用いた川本法による簡便な組織切片作製
従来法と比較し，試料調製の時間を大幅に短縮できる．（A：切削中，B：切削した組織切片，C：凍結置換法による観察図，D: 低温粘着フィルムを用いた観察図）（8 章）

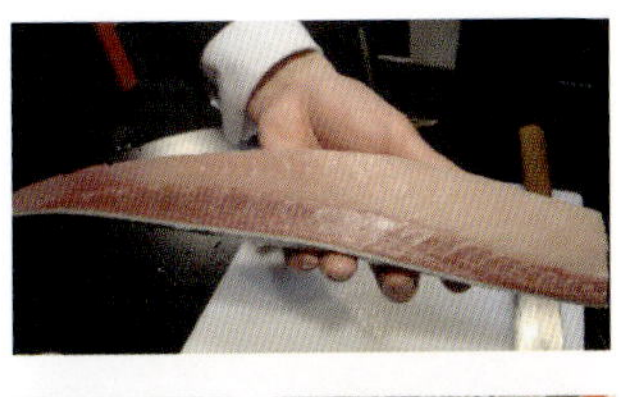

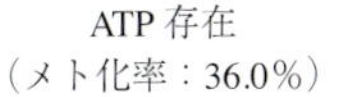

ATP 存在
（メト化率：36.0％）

ATP 非存在
（メト化率：56.2％）

口絵 7　ATP によるカンパチ冷凍変性防止効果の例
（−15℃で 2 週間冷凍保管）

ATP 存在下ではカンパチのミオグロビンのメト化率が抑制され赤い色調が保持されていることがわかる．右写真はこのカンパチをヨーロッパシーフードショーに出展時の様子．ATP は魚介類の致死後急速に分解消失するため，ATP 含有魚肉の調製には漁獲から凍結までの厳密な工程管理が必要であるが，これが産業的に可能となれば，一般的に−20℃で流通貯蔵され肉色の褐変が問題とされているブリ類冷凍フィレ輸出において重要な意味を持つ．（4 章）

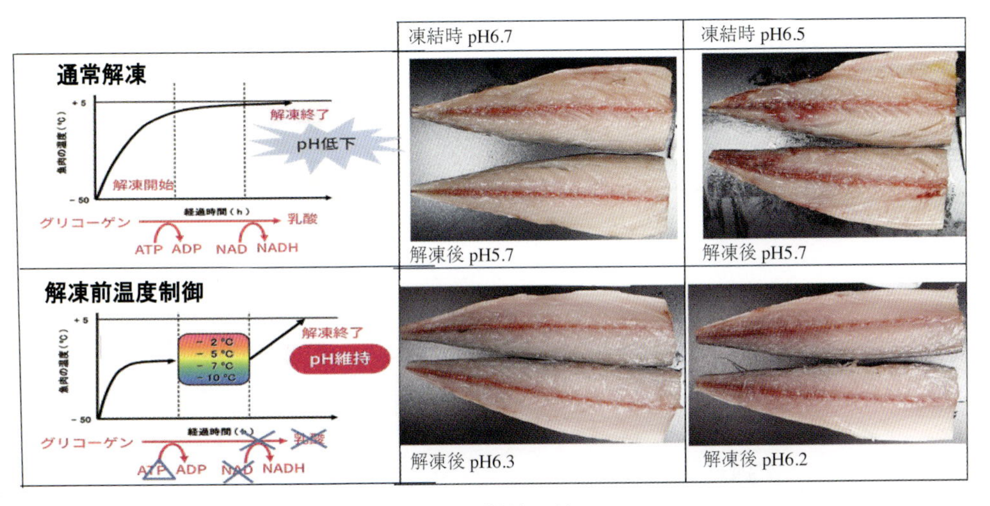

口絵 8　解凍前温度制御による冷凍ゴマサバフィレの品質制御の例
通常解凍では身割れが生じやすく水っぽい食感となるのに対し，解凍前温度制御を行ったものでは身質がしっかりしていることがわかる．赤身魚の解凍時に解糖系が急激に進行し魚肉 pH が低下するが，解凍前に -10℃付近で保管後に解凍することで解糖系の進行を抑制し，pH の低下が抑制され肉質に影響したと推察された．（3 章）

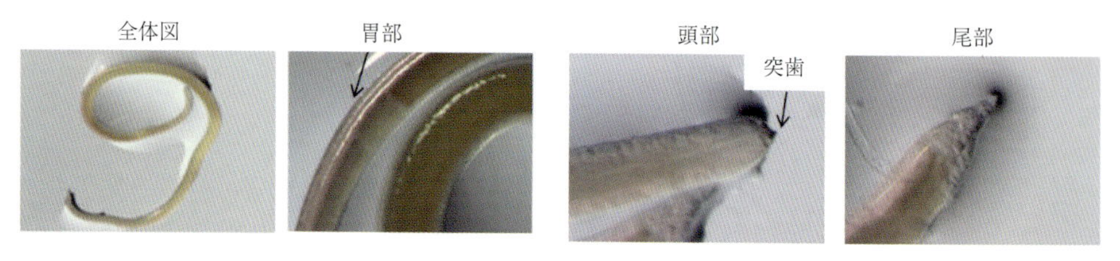

口絵 9　サバから検出されたアニサキス
虫体を凍結させることにより食中毒の危険を回避できる．アニサキスの殺滅条件は，アニサキス存在箇所の到達温度で決定されることが明らかになった．（6 章）

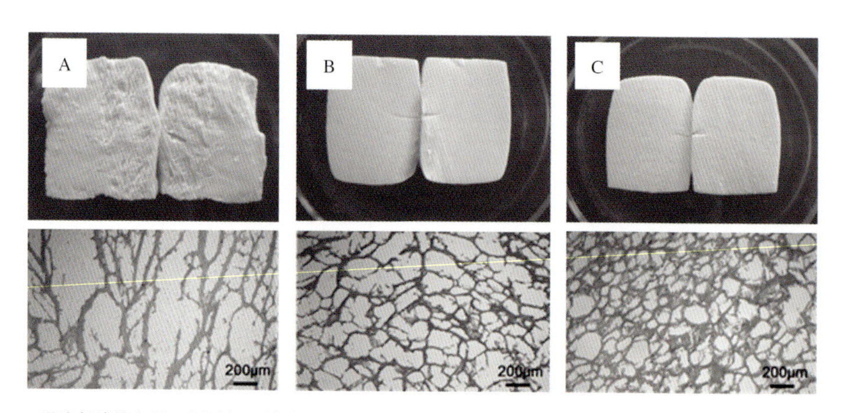

口絵 10　過冷却凍結を行った豆腐の断面写真と光学顕微鏡写真
低い温度まで過冷却すると氷結晶は微細となる．また，過冷却解消温度の低下とともに表面と中央部の氷結晶のサイズが小さくなり，試料全体に均質な氷結晶が分布していることが確認された．（7 章）
（上段：断面写真，下段：光学顕微鏡写真，A：過冷却解消温度－2℃，B：同－4℃，C：同－6℃）

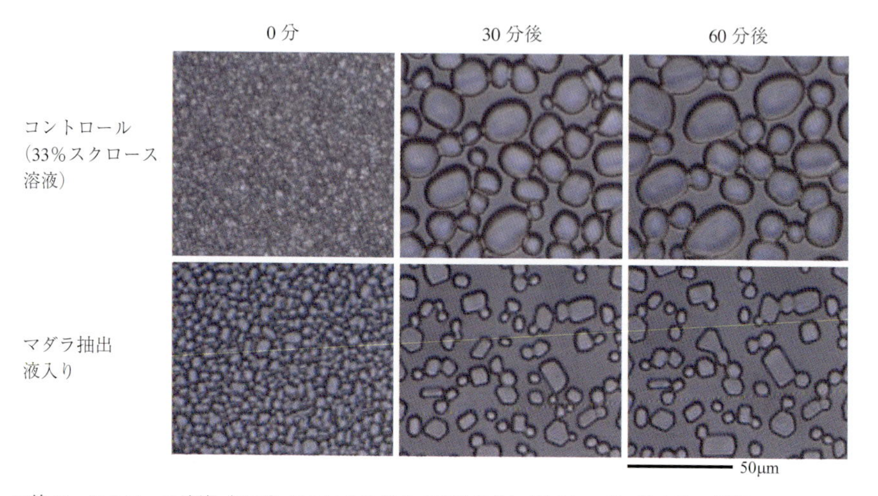

口絵 11　スクロース溶液（33％）における氷結晶の再結晶化に及ぼすマダラ抽出液の影響
マダラ抽出液の添加により，氷結晶の大きさが明らかに小さく保たれており，氷結晶の再結晶化が抑制されていることがわかる．（7 章）

水産学シリーズ

186

日本水産学会監修

水産物の先進的な冷凍流通技術と品質制御

−高品質水産物のグローバル流通を可能に−

岡﨑惠美子・今野久仁彦・鈴木　徹 編

2017・3

恒星社厚生閣

まえがき

世界の水産物貿易量は年々増加傾向にあり，それらのほとんどは冷凍されて流通している．現在，わが国で漁獲される魚介藻類や水産加工品もその大半は冷凍され，国内外の市場において品質，安全性，コストなどの面で熾烈な競争を繰り広げている．水産物は，保管や流通のために冷凍技術をもっとも効果的に利用している食品素材といえる．

水産物の生産は自然条件に大きく影響され不安定であり，生鮮では腐敗や鮮度低下により品質低下が速やかに進行するため，加工原料の安定的な供給や長期の貯蔵に冷凍技術の適用が不可欠である．最近の国際的な水産貿易の急速な拡大は，冷凍流通網の発達が可能にしたものであり，冷凍技術なくして魚介類のサプライチェーンは成立しないといえる．本書の1章において，近年の冷凍技術の発展について総括的にまとめた．

魚介類のタンパク質や脂質，組織構造などは畜肉に比べて著しく不安定な上，魚介類の種類などによって体成分や酵素の働きおよび冷凍耐性が異なる．このため，これら魚介類の個々の特性を把握して安定に冷凍保管し，解凍後にも高品質を保持できるような高度な冷凍技術の開発が，今なお要求されている．過去の冷凍水産物は冷凍すり身やマグロが主体であったが，消費者の嗜好変化や地域ごとの特色を生かす動きを反映し，冷凍流通の対象魚種や用途も大きく変遷している．一方で省エネ化・地球温暖化防止の必要性から，冷凍保管温度を上昇させる動きもある．また，消費者の魚離れにより水産物の消費量は減少傾向にある中，刺身や寿司への嗜好性は依然として高い．これら諸般の状況を反映して，製品の高付加価値化や省エネ化を求める産業現場から多くの課題が投げかけられている．今後，生鮮状態に限りなく近い高品質な生食用の冷凍魚介類を供給できれば，水産物の消費拡大や地域水産物のブランド化にも大いに貢献できるものと考えられる．

水産物の冷凍技術は水産業・水産加工産業を支える最重要の技術であることは明らかであり，これを支える冷凍機器の技術開発は目を見張るものがある．一方で，今後に向けての技術的課題は山積しているもののその事実は関係者間でも意外に共有されていない現実がある.

例として, 研究者も含めて一般には,「冷凍水産物の品質を決める要因として, 氷結晶が最も重要であり, 冷凍水産物の高品質化は氷結晶をできるだけ小さくすることのみによって達成される」と堅く信じられている側面もある. しかし, 生鮮水産物の食品としての品質を決定づける第一要因はタンパク質や脂質の性状変化であり, 氷結晶のサイズの大小にかかわらず冷凍保管条件によってタンパク質の変性などが進行することや, 一般的な商用冷蔵庫の保管温度 (−20～−25℃) 程度ではタンパク質がすぐに変性してしまうため目的に応じた適切な保管温度が確保されなければ商品価値が著しく低下してしまうことなどについては, 正しく認識されているとはいえない現状にある. こうした中で氷結晶を微細化しさえすれば水産物を高品質化できると信じ, 保管温度への認識の欠如から失敗する例が, 残念ながら多く見られる.「生鮮魚肉のように未変性タンパク質を主体とする素材の場合には, 氷結晶の微細化よりも, 保管温度がまず優先されるべき」であり, 冷凍前の品質や前処理, 凍結・保管・解凍に至るすべてのプロセスを, 一括したシステムとして捉えることが重要であることについて, とくに2章, 3章で述べた.

一方, タラコのような魚卵製品や練り製品などの加工品にみられるように, 凍結速度の遅速による氷結晶サイズの差異が製品の品質に大きく影響を及ぼす場合も当然ある (2, 3章). そのため, 氷結晶サイズを正確に評価することは重要であるが, 過去に提案されてきた氷結晶評価のための手法は非常に煩雑かつ長時間の前処理を伴うことから, このことがこの分野の研究の進展を阻む要因ともなってきた. 近年になり, より迅速に正確な氷結晶観察法が種々考案されてきたため, 8章においてはこれらの方法を紹介するとともに, 各種方法のメリット・デメリットなども合わせ, 個々の目的に応じた氷結晶の評価を示唆できる内容とした.

本書の特色は, 冷凍水産物の品質評価に必要となる重要な事項について, 最新技術を網羅的に紹介した点にある. 過去に提案された方法についてはそれぞれ課題点があり, 近年になってようやくそれぞれの技術的な課題点が解決されてきたところである. 上述の氷結晶評価法 (8章) をはじめ, 魚介類の主成分であるタンパク質 (9章)・脂質 (10章) の評価, 主な色調変化の要因であるミオグロビンのメト化評価（9章），品質劣化要因の一つであるホルムアルデヒド（5章），寄生虫リスクの評価（6章）のいずれについても，今後，付加価値を高めた冷凍水産物を開発し流通させていくための有用な指標として，是非ご活用頂きたい．

さらに，本書においては，冷凍技術の新たな可能性についても言及した．近年，水産物を冷凍する技術のみならず，周辺技術すなわち漁獲，鮮度保持および包装技術なども飛躍的に発展してきているが，極めて高鮮度の魚介類に含まれるATP（アデノシン三リン酸）のタンパク質変性抑制効果により冷凍保管温度を緩和できる可能性（3章，4章）や，冷凍温度帯においても生化学的反応が進行する現象を利用した魚介類品質の制御（3章），また今後進展が期待される不凍タンパク質や過冷却利用の可能性（7章）についても，将来有望な技術としてご紹介した．

以上のように，本書は，水産物の冷凍に関する現在の研究の現状と課題を整理するとともに，これまでに蓄積された最新の知見を幅広く網羅したものである．水産物に関連する産業現場，食品企業，食品研究機関，大学，行政機関などで，これらの内容を活用していただき，関連産業の発展に役立てていただくことを期待する．

平成29年3月

岡﨑恵美子・今野久仁彦・木村郁夫・
福島英登・鈴木　徹

水産物の先進的な冷凍流通技術と品質制御
－高品質水産物のグローバル流通を可能に－

目次

Innovative technologies for improving the quality of marine products in frozen state

−Global distribution of high quality marine products−

Edited by Emiko Okazaki, Kunihiko Konno and Toru Suzuki

I. 冷凍基本技術の重要性と冷凍水産物の高品質化

1章　産業界における水産物冷凍の歴史と最新動向

杉本昌明*

産業革命の熱気のなか，19世紀後半には各国の技術者が競って冷凍装置を開発し，1878年テリエ(仏)はアルゼンチン～フランス間において牛肉の－28℃冷凍輸送をしてみせた．旧来の冬季の寒気や食塩によって保存された肉とはまるで異なる自然の風味を残した保存法として，時代を画する技術となった．水産物の実用的な冷凍は，1930年バーズアイ(米)の考案になる多板接触式急速凍結装置(コンタクトフリーザー)により，品質的に数段優れたタラのフィレを生産したことに見られる．食品冷凍の主な開発の歴史を表1・1に示す．

表1・1 食品冷凍開発の歴史

年代	水産冷凍食品に関する主なできごと
～1960	・テリエ(仏)がアルゼンチン～フランス間で冷凍牛肉の－28℃船舶輸送に成功．食品冷凍の祖(1878) ・オッテゼン(Denmark)が食塩水ブライン浸漬凍結装置を開発し，魚類を凍結．急速凍結を達成(1911) ・長谷川鉄工所，山陽鉄工所がアンモニアを冷媒とする国産の冷凍機を開発（1919） ・葛原猪平が北海道森町に冷凍工場を設立，冷凍魚の生産を開始．我国冷凍食品の発祥の地（1920） ・林兼商店が下関にオッテゼン凍結装置を設置，また共同漁業が漁船に冷凍装置を搭載した（1923） ・日本冷凍協会（現，日本冷凍空調学会）創立．冷凍･空調，食品冷凍，輸送業界の発展に寄与（1925） ・バーズアイ（米）がコンタクトフリーザーを開発，GF社の前身を創立．冷凍食品育ての親（1930）
～1970	・米国農務省が冷凍食品保存に関するT-TTの研究成果等を報告．－18℃保管の有用性を示す（1960） ・トンネル式連続凍結装置（IQF）が開発される．個食用冷凍食品の品質向上と量産化に寄与（1960） ・西谷喬助らが冷凍すり身製造に関する特許取得．冷凍すり身産業の世界的発展に貢献（1962） ・東京オリンピック選手村食堂では冷凍食材が使用されて好評．外食産業界が冷凍食品に注目(1964) ・科学技術庁がコールドチェーン勧告．食糧流通の近代化を低温流通により改善を目指す（1965） ・大阪万博で冷凍食品が力を発揮．高速道路の整備と共に外食チェーン店展開の基盤ができる(1970)
～2010	・冷凍食品関連業界が自主的取扱基準を策定し，1975年以降－18℃保管するなどを提案･実施（1971） ・家庭用電気冷蔵庫が100％普及，以後大型化が進む．コールドチェーンの末端設備が整う（1975） ・漁船，陸上冷凍倉庫で冷凍マグロ用に－40℃以下超低温化が確立．刺身用生食が可能に（1975） ・魚介類用容器が木箱から発泡スチロール製へと転換が進む．鮮度や冷凍魚介類の品質が安定(1975) ・冷凍食品の食品表示が製造年月日から賞味期限に移行．期限設定の見直しが行われる（1995） ・家庭用電子レンジの普及率が90％に達する．冷凍食品の生産量が150万トンを超す（1999） ・JAS法改正により，生鮮水産物に「解凍」表示が義務化（2000)．新食品表示制度の施行（2015）

* 杉本技術士事務所

わが国はといえば，欧米を視察した葛原猪平が1919年北海道に冷凍工場を建設し，本格的に冷凍魚を生産したことに，明治人の進取の気骨を見ることができる．同じく1919年には，早くも国産の冷凍機が生産され，わが国の冷凍食品製造の基盤も整えられ始めていた．そして，1923年関東大震災に際し，北海道の魚介類を満載した冷凍運搬船を東京・芝浦に横付けし，市民の窮乏を救うことになる[1)]．冷凍のもつ力を世間に鮮烈に知らしめた．

§1．漁獲物冷凍の進歩

1・1　船内冷凍と品質改善

明治初代内閣は水産局を設置し，遠洋漁業を視界に入れトロール漁船のディーゼルエンジン化を推進した．遠方漁場での操業が可能となった反面，航海日数が長くなり，氷による鮮度保持には限界が見えてきた．1933年にはコンタクトフリーザーを搭載した漁船が投入された．動揺する船内においても安定した凍結が可能となり，それまでの緩慢凍結では得られなかった高品質の冷凍魚を市場に出すことができた[2)]．

一方，陸上においては1923年下関地区の工場にブライン浸漬式凍結法が，その後にはセミエアブラスト凍結装置も導入され，漁獲物の急速凍結が実用化していった．陸上・海上におけるこれらの方式による急速凍結が，冷凍魚の飛躍的な品質向上をもたらして以来，連綿として今日までその生産を支えてきた．冷凍技術は水産物によって鍛えられてきた．

戦後の食糧難の時代にあっては，水産物に対する増産の期待は大きかった．とりわけ，大型魚類マグロに対する需要は旺盛だった．近海ものなら氷詰めで10日の操業が限界で，港にもち戻ってもその後の賞味期限は3～5日．とても内陸地域までへは届けられない．冷凍ならどうだろうか．いかんせん－25℃程度の冷凍保管ではマグロ肉は褐変し，日本人が好む刺身用には適さず，ソーセージや缶詰としてしか利用できない．「褐変反応も化学反応，保存温度を下げれば抑制できるのではないか」漁船技術者は，船の大型化にあわせて船内凍結装置の改良を図り，凍結庫と保管庫の温度を25年後の1980年までには－60℃仕様に改修してしまった[3)]．

これをバックアップする陸上冷凍倉庫の－60℃超低温化も並行して充実し，

解凍しても生マグロと遜色のない冷凍マグロが得られ，期待通り刺身用として全国隅々まで届けることができるようになった．

図 1·1　船内コンタクトフリーザー
（日本水産百年史）

1975 年，水産庁東海区水産研究所の尾藤は，−5 ～−10℃付近の保存で色素タンパク質ミオグロビンの酸化が最も進むこと，および−35℃以下保管なら半年間はその酸化が抑制され，褐変が抑制できることを解明した[4]．以後，魚類におけるミオグロビンの化学は急速に進展した．

1952 年に再開された北洋漁業も 1960 年代は上り調子となり，国力も充実してきた 1971 年，通貨が変動相場制に移行すると円高となり，鮭缶・蟹缶はその輸出競争力を失った．消費の旺盛な国内向けに冷凍サケやカニの生産が始まった．増産と高品質化に向けて，コンタクトフリーザーには，それまでの塩化カルシウムブラインに代えて液化アンモニアを通液し，中空アルミ板内で直接気化させて冷却する直接膨張方式に切り替えられた（図 1・1[5]）．

8 kg のセミドレス形態のサケを−33℃にて 2 時間 15 分で急速に凍結することができた．鮮魚店には新鮮で高品質な冷凍ベニサケの切り身が並び，それまで鮭食文化に縁の薄かった阪神地域の人々も偏見なしにおいしいと評価した．今では，切り身職人に代わりロボットが冷凍サケを切っている．

生鮮ズワイガニは，その特有の形状から，とくに関節部は凍ると壊れやすく，かつ急速凍結が難しい．金属パンに丸ごとまたはハーフセクション（半肩）を並べ，これに清水を注水しながらコンタクトフリーザーで圧縮凍結する注水冷凍が考案された（図 1・2）．カニが氷に埋まって凍結され，輸送中の昇温や脚の破損，表面の乾燥や黒変が防止でき，まるで生きたカニのように市場に出荷された．そのハーフセクションからは，各種の形態の冷凍食品に二次加工され，スーパーマーケットの売り場を飾った．

図 1·2　注水冷凍（日本水産株式会社提供）

鮮魚や冷凍魚およびそれを原料とした冷凍水産食品が市場に出回ると，付随して種々の品質問題が発生した．タラ肉からなぜホルムアルデヒドが発生するのか，多脂魚の酸化防止や赤色魚類の退色防止法はなにかなど，次から次へと持ち込まれる品質劣化の問いあわせに関して，その原因を解明して有効な対策を提案することは，冷凍水産物に対する利用者の信頼を得るためにも欠かせない研究であった[6]．

1・2　冷凍すり身の開発

北洋漁業における最大の成果は，スケトウダラを利用した冷凍魚肉すり身（口絵2）の開発であった．冷凍すり身の出現は，かまぼこ製造における前半工程を省き，工場における工程の大幅な短縮を可能にした．

1955 年北海道水試の西谷らは生鮮スケトウダラから高品質なかまぼこができることを知り，これの長期保存ができれば当時不足していた魚肉ソーセージやかまぼこの原料として，安定的に全国に供給できると考えた．難題は，水晒し脱水した筋原線維タンパク質主体の肉を冷凍すると，1 ヶ月も経ないうちにかまぼこを作る能力がなくなってしまうことであった．西谷は，ある日ソーセージ用の練り肉が余ったので冷凍保管しておいた．後日解凍して加工したところ，十分かまぼこになることに気づいた．「ありふれてはいるが砂糖が冷凍変性の防止に実に有効であることを知った」と後に述懐している[7]．

冷凍変性抑制剤の発見が，かまぼこ業界のみならず，産業界にもたらした経済効果は計り知れず，また冷凍科学の進歩に弾みがつく画期となった．事実，1970年代後半から1980年代には魚類タンパク質の変性に関する研究が精力的に行われ，糖，糖アルコール，アミノ酸，有機酸などがもつ冷凍変性抑制機能が明らかにされたこと，それらの物質はタンパク質を取り巻く束縛の弱い水の構造化に寄与し結合水並みに安定化させること，また筋肉のpHを中性付近に維持することがタンパク質の安定化につながり，そのためには重合リン酸塩との併用が有効であること等々が解明された[8]．

また，タラ類など冷水域に生息する魚類のタンパク質は，マグロやカツオ，クルマエビなど暖水系魚介類のそれに比べ，熱安定性は低く冷凍変性を受けやすいことが明らかにされた[9]．

これらの研究成果は産業界にフィードバックされ，冷凍すり身のみならず，魚介類の凍結とその後の冷凍保管に際しても有用な知見として蓄積された．

さらに，魚肉単一の食材のみならず，混合系食品の離水防止やテクスチャ―の改善にも応用され，調理冷凍食品の品質の向上に寄与した．現在では，スケトウダラ以外にホキ，ミナミダラ，イトヨリダイ，メルルーサなどの冷凍すり身が，水産食品の基礎素材として世界各地で生産されている．

1・3　冷凍フィッシュブロックの生産

冷凍すり身がかまぼこ類の生産を意識した素材であるのに対し，スケトウダラのフィレをインナーカートンに一定量を充填し，冷凍パン枠を付けてコンタクトフリーザーで加圧急速凍結したフィッシュブロックもまた，冷凍すり身以上に基礎素材として世界的に需要が強い（口絵3）．

欧米で発達したフィッシュスティックなど白身魚を利用した魚肉商品には，畜肉製品に小骨が含まれていないのが当然のように，皮や骨，寄生虫などの異物を徹底して取り除かないと受け入れられない．凍ってエッジの利いたフィッシュブロックはキラキラと光り，まるで大理石のようである．

フィッシュブロックは食品工場に持ち込まれ，凍ったまま規定のサイズに切り分け，フィッシュバーガー用ポーションやフィッシュフライ，フィッシュスティックに加工される．冷凍すり身，フィッシュブロックいずれの形態も，それを利用加工する産業のすそ野は広い．

§2. 冷凍食品の流通

2・1 コールドチェーンの整備

1947年成立した食品衛生法を具体化した冷凍食品の規格基準が，遅ればせながら1959年に厚生省告示された．ここでいう冷凍食品とは包装された加工食品，切り身，むき身が対象ではあったが，−15℃以下に保存することが初めて数値で規制された．それは冷凍された食品の品質の良し悪しではなく，食品衛生の立場から，細菌数管理基準の設定が主眼であり，保存温度はそれを達成するための条件として規定された．当時，冷凍魚の流通に際してはほかに基準がなく，−15℃保管をよりどころにせざるを得なかった．

やがて「急速凍結をかけておけば，これで良し」という急冷神話ができ上がっていった．しかし，いろいろな冷凍魚や冷凍水産食品が市場に出回り始めると，なかには標準的とする品質からかなり逸脱した商品も目につくようになってきた．

この危機に対応し，科学技術庁資源調査会は1965年いわゆる「コールドチェーン勧告」を発し，遅れている食糧流通の近代化を，低温流通によって改善しようと提言した．農畜産・水産品を生産から販売まで，とくに生鮮食品の輸送中における損耗を防ぎ，少しでも多くの食糧をムダなく供給することにより健康で豊かな食生活を目指すという目標であった．生産・流通・機械装置・販売など関係する産業界がこぞって参加する大プロジェクトになった．

次の施策も始動した．冷凍食品の品質保持のために，省庁の指導により冷凍食品関連産業協力委員会が結成され，1971年天野座長のもと1975年以降流通保管温度を−18℃以下にするなどの取扱い基準が策定された[10]．世界貿易の拡大をにらみ，国際的な視野に立った先進的な規範であった．国際食品規格委員会CODEXがそれを採択するのに先立つ5年前のことであった．

戦後のわが国の状況と同様，米国においても冷凍食品は苦戦していた．粗悪品が大量に出回り，河川に廃棄されることもしばしば起き，冷凍食品業界は農務省に品質保持のための研究を要請せざるを得なかった．そして1960年，10年間にもわたる研究成果が報告された．Time-Temperature Tolerance（T-TT）すなわち「冷凍食品における保管温度許容耐性」に関するデータはその成果の根幹であり，例えば少脂魚フィレの場合，−10℃で45日，−15℃で75日，

−20℃では120日などと，農畜産および水産物素材を主とした冷凍食品の保管温度に対する品質保持期間が，数十品目にわたり示された．いわゆるT-TT線図である（図1・3）．

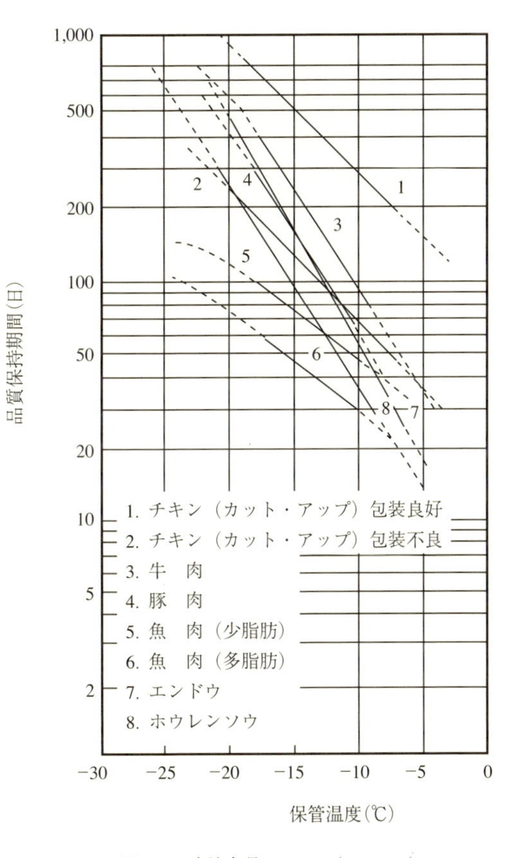

図1·3　凍結食品のT-TT（IIR 1964）

縦軸を対数目盛とするアレニウス式で表され，保管温度の少しの上昇でも品質劣化が拡大することが読み取れる．

T-TTの概念が広まるとともに，冷凍食品の品質が保管温度の変動や輸送時の温度上昇によって大きく影響を受けることが関係者の共通認識となった．また，T-TT研究は商業的な賞味期間を設定するうえで，−18℃以下保管の妥当性を示すバックボーンともなった．

同時に，保管温度を下げるほど品質の低下が抑止できるということから，冷凍倉庫業界もできるだけ受託貨物の保管温度を下げて品質劣化を防ごうとする．しかし，保管に要する電力エネルギー事情が悪化するとまた元の保管温度に戻す，その繰り返しであった．地球環境保全が身近に意識され，物流業界が本格的に省エネルギー対策に取り組み始めたのは近年のことである．

2・2　整備の成果

コールドチェーン整備の成果は，新鮮な食糧の供給が無駄なく円滑になり，国民の体位が飛躍的向上したこと，また食中毒の低減に見ることができる．

魚介類を原因食品とする食中毒，とくに腸炎ビブリオによるものは，統計に収載され始めた1962年以来年間300～500件と高レベルで，その予防が長らくの課題であった．1998年の大流行にいたって，国は漁港や卸売市場における海水殺菌装置の導入と製氷装置の増強を強力に推進せざるを得なかった．ようやく制圧することができたのは21世紀に入ってからのことであった[11]．

第二の成果は，市販食品の塩分量が目に見えて低下してきたことに見られる．1965年には日本人1人1日当たり15gであった塩分摂取量は，2015年には10 gを切り，アジの開き干しの塩分にいたっては，この50年間で7.9％から1.7％へと驚異的に低下した．1960～70年代には，コールドチェーンの先駆となった家庭用冷凍冷蔵庫の普及も目覚ましく，冷凍・冷蔵による保存は，薄味でおいしい加工食品の流通を可能にし，これによる減塩は日本人の健康を増進し，現在の長寿化社会を後押ししている．

第三の成果は，漁獲物の保管機能が質量ともに充実したことがあげられる．近海には季節的に来遊する魚種が多い．サンマ，シロザケ，スルメイカ，カツオなどをその旬の時期に大量に冷凍保管しておき，不漁期には解凍して消費地に出荷するほか，年間を通じて計画的に加工原料として使い回すための適切な保管および保護法，またそれらの解凍技術も進歩した．

輸入冷凍食料の増加に対応し，沿岸に立地する冷凍倉庫の収容能力は急伸し，1970年代に400万トンであったのが，2000年には1,000万トンを超えた[12]．大量の水産物・畜産物の冷凍保管は，わが国食糧政策においては原油のそれと同様，備蓄としての役割をも担い，国民の食生活の安定に寄与している．冷凍コンテナ船が続々入港する大都市圏の湾岸域には，大型冷凍倉庫が林立して壮観である．

§3. 食品冷凍の新たな動き

3・1 ブロック凍結からIQFへ

エッジの利いた平板状の冷凍すり身や冷凍フィッシュブロックなら，輸送にもその後の加工にもそれは最適な形状に違いないが，同じコンタクトフリーザーで凍結したブロック状のラウンドのサバやイカでは，それの解凍にまた労力とエネルギーが必要になる．生産者には都合がよいものの，使用者には必ずしも使い勝手のよい形態とはいえない．

東南アジアにおける冷凍エビの生産においても，かつては漁船漁獲されたエビを殻つきのまま 1.8 kg 注水凍結した．エビ養殖とそれを取り巻く加工産業が発展するにつれ，輸入国における加工賃が上昇し，また自らも付加価値の高い商品への移行を志向し，無頭・殻むき製品の生産を加速した．さらに凍結法についてもブロック凍結（BQF）のほかに，バラ凍結（IQF）へと高度化していった（図 1・4）．この傾向は，天然および養殖サケ産業においても同じく，産地ではドレスやフィレ形態の IQF 品の生産が一般的となった．

図 1·4　むきえびの IQF 製造

国内における二次加工業また外食産業においても，簡単にばらけやすい IQF 品は，短時間解凍ができるのですこぶる使いやすい．近年，BQF 品はその解凍の煩雑さゆえに敬遠され, 代わって短時間にしかも必要な量だけ取り出して解凍・調理できることから，IQF 品の取り扱いが急速に伸長している．

輸入品を単に保管するだけであった沿岸冷凍倉庫においても，変革が迫られている．BQF 品に代わり，より一般消費者向けに近い IQF 品の保管業務のみならず，これを小分け・再包装していわゆる「冷凍食品」や，解凍して「チルド食品」に加工する新たな機能をもつようになり，従来以上に冷凍食品取扱い基準に則った設備とそのための衛生管理が必須となった．

さらに，販売に関する情報を瞬時に処理し，必要な数量を必要な時に顧客に届けることのできる，IT を装備した加工流通センターへと変身しつつある．加えて，輸送～配送部門を分離し，これら業務を専門流通企業（図 1・5）に任せてしまう製造企業も増えている．

3・2　養殖魚介類の冷凍

水産業においても漁労から養殖へと生産方式の転換が強まっている．国内に

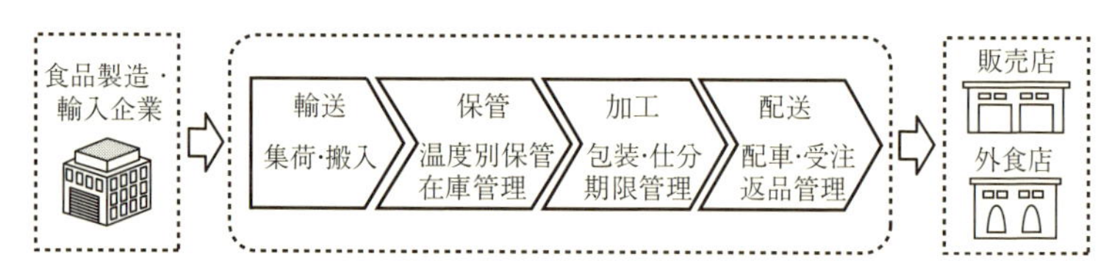

図 1・5　冷凍食品物流における一括受注サービスシステム

おいては，ブリ，マダイ，ギンザケ，クロマグロなど主要な養殖魚は，大部分が産地から消費地へ主に生食用に生鮮魚として流通するシステムができ上がり，冷凍が参入できる余地は少ない．しかし国際的には，クルマエビ類，サケ類，ホタテガイは大量に冷凍品として流通されている．

冷凍養殖魚介には優れた特徴がある．それは，養殖イケスから計画的に水揚げし，直ちに処理加工し凍結・保管することにより，高鮮度が約束されることである．すなわち，体内物質が未だ代謝・分解されないうちに凍結されるため，筋肉中のアデノシン 5′ 三リン酸（ATP）含量が高く，かつ pH が中性域にとどまったままの魚肉ができる．その結果，筋肉の冷凍変性は抑えられ，ミオグロビンの酸化もより抑制される．解凍しても生鮮魚に近い品質が期待される[13]（4 章参照）．

養殖エビについても，水揚げ後 2 時間以内に隣接する工場にてパン粉付け製品に加工して凍結・保管する．これを油で揚げれば，活エビ特有の甘みのあるエビフライができあがる．すでに家庭用冷凍食品として商品化された技術である．高鮮度養殖魚介類を利用した加工法の開発は今後の開拓分野である．

3・3　これからの食品冷凍

冷凍技術は食の文明において計り知れない恩恵をもたらした．しかしその技術にまだ満足はできない．現実に，加熱調理では優劣の付かない冷凍魚と生鮮魚との違いは，刺身用として比べればその差異は明瞭である．市場における両者の評価額が，現状における冷凍と非冷凍との品質差を反映している．

ことわざ「覆水盆に返らず」は，いったん凍結により混乱した素材の系が，再び元に戻ることのないことをも言い当てている．広い意味でのエントロピーの増大である．それゆえ，約 9%の体積膨張を伴う水から氷への相の変化と，それに続く濃縮された未凍液相における反応の進行について，混乱（変質）の実態を目に見える形で抽出・解析し，素材ごとに変質を最小限とする処方を示し，元の素材のもつ性状に限りなく復元させる技術開発が一層求められる．

同時に，良質な原料を選択し，包装を確実にして乾燥を抑え，短時間凍結が可能な冷凍装置，および冷凍倉庫の温度変動をより抑制する技術開発など，それぞれの分野の技術を集積した地道な生産もまた必須である．

食品の冷凍は，生産・流通コストのとりわけ高い加工保存法である．常温保存食品に比べ，加工・包装・保管・販売・調理においてこれほど多くのエネルギーが投入される食品は他に例を見ない．冷凍食品が，コールドチェーンの整った国や地域であって，はじめて流通できる食品となっているのもうなずけることであろう．

エビやホタテのむき身，サケやタラのフィレや切り身，また白身魚フライなどの調理冷凍食品を見るにつけ，それらの商品がもつ利便性，長期保存性，また食糧資源のロス防止性と引き換えに，エネルギー多投入型商品を生み出していることを心に留め，それを乗り越えて新たな価値ある商品が提供できるか，今われわれに問われている．

文　献

1) 山田耕二．食品冷凍の軌跡と現状．食の科学 1984；79：8-17.

2) 桑野貢三．コンタクトフリーザー物語(1)．冷凍 1987；62（722）：1351-1358.

3) 荒木徹也．ポストハーバスト・保存・流通．(国際特論Ⅰ)．東大農学研究科．2011；11.

4) 尾藤方通．冷凍まぐろ肉の肉色保持に関する研究．東海水研報 1976；84：51-113.

5) 日本水産株式会社．「日本水産百年史 史料」2011.

6) 岡﨑惠美子．凍結魚における各種の劣化現象とその防止．「食品冷凍技術」日本冷凍空調学会．2009；84-93.

7) 小山　光．冷凍すり身事始め．食品冷凍技術研究 2012；94：21-30.

8) 新井健一．タンパク質「食品の冷凍における品質低下とその防止法」．冷凍 1987；62：1278-1285.

9) 福田　裕，岡﨑惠美子．水産物「冷凍空調便覧Ⅳ 食品生物編」日本冷凍空調学会 2013．177-191.

10) 冷凍食品関連産業協力委員会．冷凍食品自主的取扱い基準；1-23.

11) 田口博人．腸炎ビブリオとフグ毒との戦い．食品冷凍技術研究．2014；104：7-8.

12) 倉庫統計季報「倉庫統計主要指標」，国土交通省．2008；4.

13) 井ノ原康太，黒木信介，尾上由季乃，濱田三喜夫，保　聖子，木村郁夫．筋肉内ATPによる冷凍カンパチ血合筋の褐変抑制．日水誌 2014；80：965-972

2章　凍結-保管-解凍　3ステップシステムによる品質制御

鈴木　徹*

§1. 冷凍技術の基本

1・1　低温利用の意味

食材，特に水産物の冷凍による流通技術が実用化され50年近くになる．マグロを代表とする遠洋漁業においては現在でも冷凍技術は欠くことのできない保存手段である．また，練り製品原料であるすり身（口絵2）もその多くが冷凍原料として供給される．こういった多くの水産物の流通を支える冷凍技術は，凍結前の状態に復元させることを目的として数多くの研究が行われてきた．常温では水産物を含め食材の酸化などの化学変化，酵素による変化，さらに微生物による腐敗，また乾燥など水分の移動に伴う諸々の変化が進行する．しかし食材の温度を低下させることだけでそれら変化を抑制，遅延することができる．その意味では，冷凍保管も冷蔵保管も同じ意味をもつ．しかし，－18℃以下で保管する冷凍保管は，凍結温度以上～10℃程度の未凍結温度域を利用するチルド・冷蔵技術やパーシャル冷凍保管では決定的な相違がある．冷凍(－18℃以下)保管では保管中に微生物の増殖が一切起こらない．すなわち冷凍保管中には微生物による変化は完全に抑制することができる．一方，チルド・冷蔵保管・パーシャル保管では微生物の増殖は遅延されるものの，増殖を完全に止めることはできない．したがって保管条件によって時間差はあるものの，いずれ腐敗に至る（図2・1）．

1・2　冷凍と冷蔵の食材組織に与える影響の差

冷凍保管は抗菌剤を使わず微生物を増殖させない技術であるが，マイナス温度域に食材をもって行くため，食材中の水分が氷結し食材の微細組織に変化をもたらす．こういった現象が冷凍技術の弱点とされてきた．一方でチルド・冷蔵保管では，微生物学的なリスクは残されるが，氷結晶の生成がなく未凍結状

* 東京海洋大学学術研究院食品生産科学部門

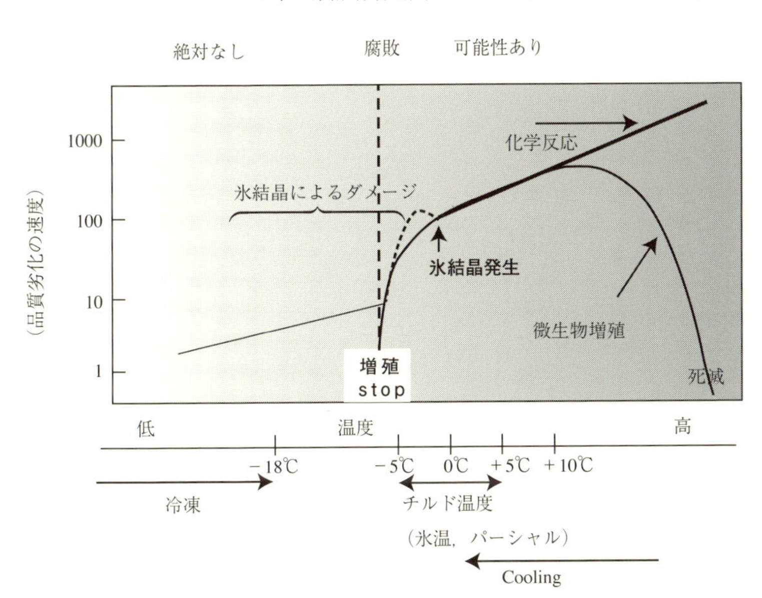

図 2･1　保管温度の範囲と品質劣化の速さ

態と同等の微細構造を維持できるメリットがある．しかしながら，生鮮魚肉組織も冷蔵保管中に刻々と変化し，結合組織の分解が進行し筋肉全体としての軟化が起こることは既知の事実である．図2･2にその概念を示す．例として非常にフレッシュな魚肉を凍結(A)すると，いかに優れた凍結手法でも凍結前の筋肉の弾力より若干柔らかくなるが，凍結方法を選択することでより弾力性を維持することが可能である．冷凍保管中は大きな変化はなく，冷蔵保管の方がむしろ軟弱化が進行する場合もある．また凍結のタイミング（B，C)によっても，当然弾力は変化する．ただし，以降で述べるシステム冷凍の考え方を取り入れることで，テクスチャーに関してもよりフレッシュな状態に復元させることが可能である．

1・3　冷凍と冷蔵の栄養成分，味，色の保持

図2・1にも示したように，冷凍保管，チルド・冷蔵保管のいずれも低温に食材をおくことで諸々の変化を遅延させるが，その速度に大きな差がある．－18℃以下での冷凍保管では，チルド・冷蔵保管時に比べて1/10程度にまで落ちる．すなわち品質の日持ちが10倍になることを意味する．例えばチルドでシェルフ

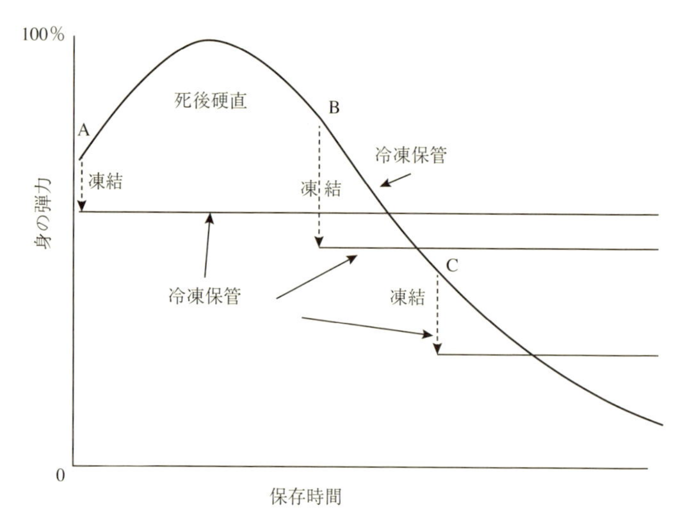

図 2･2　生鮮魚筋肉の弾力に及ぼす冷凍と冷蔵の相違

ライフ7日であったものが冷凍保存(フローズン)では70日，2ヶ月以上になる．

1・4　冷凍技術のシステム化と原料の選択・前処理

前述のように冷凍保管は食材の長期保存に大きなメリットがある．しかし，その利点を最大限に利用するためには，図2・3に示すように食材のハンドリング「前処理工程」に続いて食材を－18℃以下の低温にするための技術，すなわち①「冷却・凍結技術」，さらに保管中の変化抑制のための②「保管技術」，そして解凍して喫食するまでの調理，加工工程に関わる③「解凍技術」の一連の流れをシステムとしてとらえる必要がある．図2・3に示すように，それぞれの工程には多くの技術選択枝がある．凍結設備に関してコストのかかる非常に高度な技術を利用して，他のプロセスで低コスト，低レベルであった場合，目標に到達することはできない．すなわち，コスト，人力，資源エネルギー，生産能力の制限の中で，最終消費喫食時に消費者の設定した満足度が得られるようシステムの最適解を探り，最適化を図る必要性がある．すなわち，食品冷凍技術とは要素技術に着目するだけではなく，オペレーションズ・リサーチ的な手法が取り入れられるべきである．

特に凍結前の水産物の状態は，テクスチャーに関しては図2・2に示すように

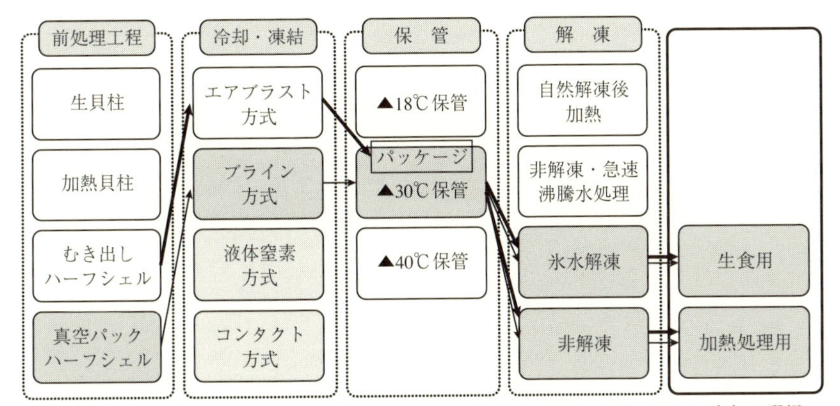

前処理工程でハーフシェル，むき身など最終利用形態に応じて選択，真空パックの有無の選択，凍結は形態に対応してエアブラストかブライン方式を選択，－30℃以下で保存．解凍時は解凍せずに直接調理を行うことで十分なおいしさを再現可能だが，用途が生食である場合には，氷水による解凍を選択する．

図2･3　システムとしての冷凍技術　冷凍ホタテ貝の例

いかなる鮮度の時点で凍結するかで結果が異なってくることが自明である．テクスチャーのみならず凍結前の水産物の状態は，その後の凍結，貯蔵，解凍時の条件設定に大きく影響を及ぼす．生鮮魚類では，鮮度は，細胞間氷結晶のでき方に影響を及ぼすばかりでなく，魚肉のpHや，ATP含量なども，凍結貯蔵時のメト化や解凍硬直によるドリップ流出に大きな影響を及ぼすことも考慮に入れる必要がある（3章参照）．

§2. 凍結プロセス

2・1　急速凍結による氷結晶微細化

凍結過程は冷凍技術のシステムの一部である．急速凍結はその工程において要求される技術である．急速凍結とは食品の中心温度を最大氷結晶生成帯と呼ばれる－1～－5℃の温度帯を30分以内の速度で通過させる凍結技術とされる．その要件を満たさず凍結速度が緩慢であると，氷結晶粒が粗大化し食材の組織損傷が大きくなり復元性が悪くなることが多くの食材で確認されてきた．図2・4は，マグロの筋肉の組織内にできる氷結晶の大きさが凍結速度で異なることを示した例である．こういった知見は1960年代前半に欧米で盛んに行われた研究

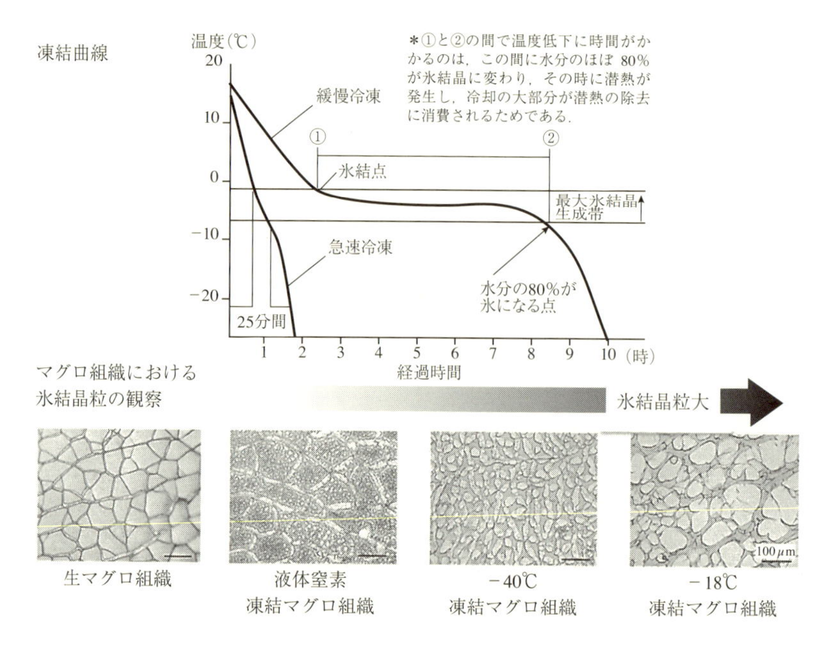

図 2･4　急速凍結による食材中の氷結晶サイズの微細化（口絵 4）

の結果に基づいている．凍結による組織損傷を避けるため，また同時に生産効率の面からも，できるだけ短時間で凍結工程を終わらせるために急速凍結装置の開発が行われてきた．しかし，大きな素材や熱の伝わりの悪いスポンジケーキのような食品では，中心温度を急速に低下させることは困難であった．この問題を解決するためには，大きな温度差，すなわち−60℃以下の超低温の雰囲気を利用して急速凍結する道が残される．液体窒素や炭酸ガス凍結はそういったメリットがあるがランニングコストが高い難点がある．昨今では，機械式2段圧縮式冷凍機でも−70℃のような超低温度域をカバーする凍結装置も見られるようになった．また急速凍結でなくとも，氷結晶粒を小さくする手段として，過冷却現象を利用した凍結法も検討されている(7章参照)．過冷却を利用すると，食材の中心部まで均質に微細な氷結晶粒になることがわかってきた[1]．しかし，過冷却を人為的に制御することは難しく，現時点では深い過冷却度(−10℃程度が限界)に食材を至らせるには，ゆっくり均温化しながら冷却していくか，以下に述べる圧力シフト手法しかない．圧力シフト法とは，以下のような技術をいう．

食材に高圧をかけることで食材中の水の平衡凝固点をマイナス温度域にまで降下させておいてマイナス温度域まで冷却し，食材中の水をマイナス温度でありながら液体状態に至らせる．その後，急激に圧力を開放すると，食材圧力は常圧になるが温度はすぐに戻らずマイナス温度の状態が維持される．この状態は非常に不安定な過冷却状態に他ならない．そのため食材中の水は過冷却から一気に脱し，氷核発生が起こる．この圧力シフト法は物理化学的に既知な現象を利用する技術である．一方で，実用レベルの磁場や電場は，食品の過冷却現象には影響しないことが実験的に示されている[2,3]．

また氷結晶の粗大化を抑制する技術としてアンチフリーズプロテイン（AFP）(7章参照)，トレハロース，マルトトリオースなど氷結晶粗大化抑制物質の開発，ならびにこれら物質の添加による効果の検証が進みつつある．しかし，その効果は食品種によって異なると考えられ，今後，知見が集積されるのが待たれる．

2・2　凍結濃縮による品質変化

凍結過程では，急速であっても，緩慢であっても食材の内部に氷結晶粒が生成する．氷結晶化した水以外の成分は，氷に取り込まれなかった結合水分とともに残存し濃縮された状態になる．すなわち図2・5に示すゲルのように，筋肉線維タンパク質成分も濃縮され密集凝集する．図2・6には緩慢に凍結したマグロ筋肉の組織切片を示すが，氷結晶以外の部分は元の細胞サイズより小さいことがわかる．これは圧縮されたと誤解釈されることがあるが，氷結晶に水分を取られ濃縮脱水された結果である．細胞内が濃縮されると当然pH，塩濃度にも激しい変化が起きる．さらに筋肉線維タンパク質は近接している．そのため，凍結時には，この濃縮によってタンパク質の変性，不可逆的凝集が起こる可能性が大きいと考えられる．しかし畜産物や魚介類の筋肉の場合，凍結による凍結

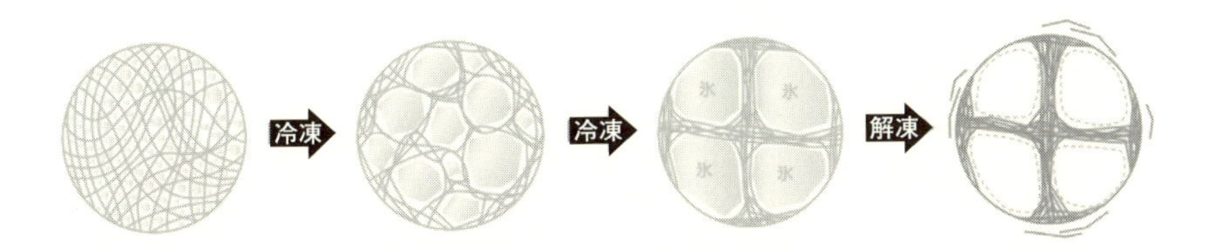

図2·5　ゲルの凍結時の氷結晶の生成と濃縮

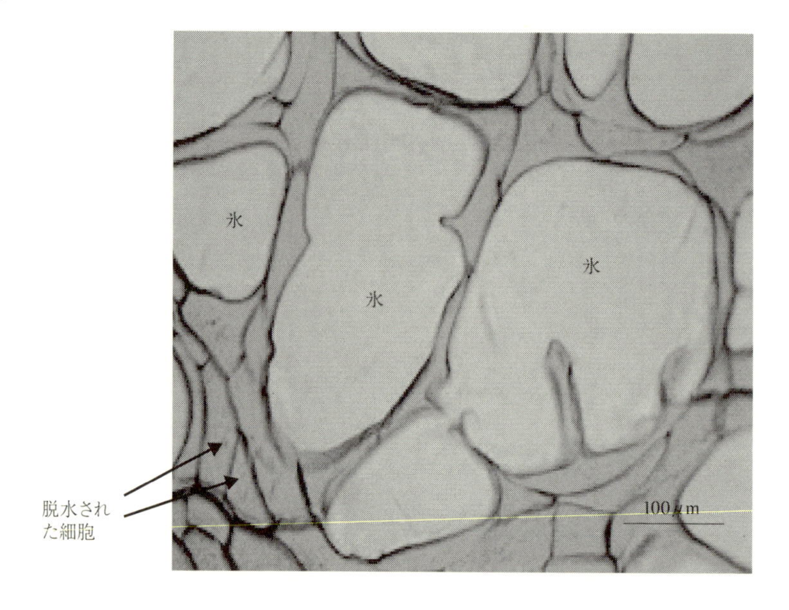

図 2･6　緩慢に凍結した凍結状態のマグロ筋肉組織

濃縮だけでは変性がそれほど進行せず，解凍時には融解した水分はほぼタンパク質に再水和し良好な復元性を示す．大豆タンパクゲルなどは凍結するとタンパク質が濃縮され変性し SS 結合が生成するため不可逆なセル構造が固定される[4]．凍り豆腐はこの原理を利用して製造される．魚肉の場合は，凍結しただけではそのような変化は生じない．水さらし後の筋肉線維タンパク質の場合，凍結すると濃縮を受け激しい変性が起きる[5]．筋肉そのものでは，なぜ復元性がよいのか，その原因については不明な点が残されているが，水溶性タンパク質が筋線維タンパク質の変性を保護していると考えられる．

今後解明されるべき課題でもある．

§3．冷凍保管・貯蔵

冷凍技術は長期保管を可能にするものであるが，凍結された水産物の貯蔵中にも品質の変化が緩慢であるが進行する．その変化を分類すると，氷結晶の粗大化，表面からの乾燥，生化学的変化に大別される．それぞれ品質に影響を及ぼすため，いわゆる賞味期限が限定されてくることになる．中でも表面の乾燥は品質に最大の影響を及ぼすが，冷凍保管中の製品の乾燥に関してはその原理さえ，十分理解されていないため適切な対応がとられていない場合が多い．また，貯蔵温度によってタンパク質の変性進行が異なり，それによって復元性が著しく損なわれる，など多くの問題をまだまだ抱えている．

3・1　氷結晶の再結晶化，粗大化

凍結過程にて急速凍結などで食材内部の氷結晶を微細化できたとしても，凍結保存中の温度が高いと氷結晶粒組織は，次第に組み替えが起こり，小さな結晶粒は大きな結晶粒に組み込まれ粗大化する．しかし，氷結晶サイズが大きくなることと，食品組織へのダメージとの関係については未だ明確にされていない．興味ある例として，冷凍タラコの凍結保存時のドリップ流出量の推移を示す[6]．図2・7は異なる凍結速度で凍結した冷凍タラコを－20℃で長期保存した場合の解凍後ドリップ量の増加を示すが，初期の凍結条件によって増加するカーブが異なってくる．

緩慢凍結した場合は，保存初期からある程度ドリップが流出し，保存期間が延びるにつれてS字状にドリップ流出量が増加する．一方，－40℃の雰囲気で凍結した場合と液体窒素による急速凍結した場合では初期には全くドリップ流

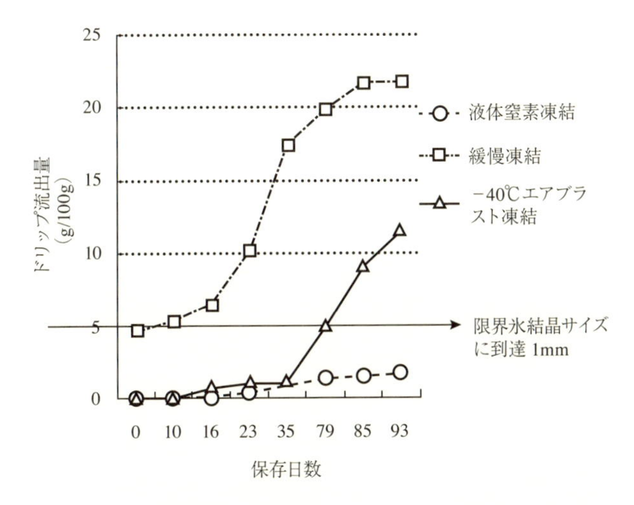

図2·7　タラコ卵巣原料の凍結解凍時のドリップ流出量に及ぼす凍結保管期間の影響．すべて－20℃にて貯蔵，解凍後の自然流出ドリップ量．文献[4]より引用．

出は見られず，−40℃雰囲気で凍結したタラコはおよそ35日を経過後にドリップ流出が顕著になるが，緩慢凍結と同様S字形の増加曲線を描く．急速凍結した試料では，試験期間中には，ほとんどドリップ流出は見られなかった．タラコ卵粒内部の氷結晶サイズがタラコ粒直径約1 mmを超えた場合に卵膜が破壊され内容物の流出がドリップとして起こるとすれば，初期の緩慢凍結では，すでにある割合数の氷結晶が1 mmを超えて卵を破壊していると考えられる．さらに，先にも述べたように，保存中に氷結晶が粗大化し卵粒サイズ以上に成長してくると，卵粒の破壊が次第に多くなりドリップ流出が始まると推察される．したがってこの場合，初期の凍結が急速であるほど氷結晶サイズが小さく，保存中に氷結晶サイズが卵粒のサイズに到達するには時間を要することになる．すなわちタラコにとっては急速凍結により品質が長く保たれることになる．こういった仮説が成立するか否か，さらに検証の余地があるが，食品中の氷結晶サイズの増大と組織破壊との関係を理解する糸口として興味深い．また氷結晶の粗大化も水分子の移動があって初めて進行する．そのため，保存温度を低くすることは水分子の拡散を抑制することにつながり，氷結晶の粗大化を遅延させることができよう．

3・2　表面の乾燥とそれに起因する変化

冷凍保存中において最も多くの品質劣化の引き金になる現象が表面の乾燥である．冷凍やけ，油やけによる変色や異臭の発生，タンパク質の変性，デンプン質の凝集老化など，すべてが表面の乾燥が引き金になって生じる．

したがって，食品の冷凍保管においては，第一に乾燥について留意しなければならない．凍結食品の乾燥は食品の水蒸気圧が周囲の水蒸気圧よりも高い時に起こる．凍結保存時に食品をむき出しの状態で置いた場合，冷凍庫内の空気中の水分は庫内温度よりも低温にある蒸発機表面に水分が吸着・着霜するため，ユニットクーラーを通過した空気は通常乾燥した状態，すなわち水蒸気圧が低い状態にある．食品が庫内温度と温度平衡にある場合，含水量の多い通常の食品の表面は氷の飽和水蒸気圧にあるため，雰囲気よりも高い水蒸気圧をもっていることになる．よって，必然的に乾燥が進む．

一方，密閉包装された冷凍食品や，真空包装された冷凍水産物においても容器内に霜の付着成長とともに表面乾燥が見られる．冷凍食品の貯蔵中における乾燥着霜現象の主要な原因は温度変動によると考えられてきた．すなわち，はじめ食品温度と周囲温度が等しいとき両者の水分蒸気圧は平衡にあり水分の移動は起こらない．しかし，何らかの要因で食品の温度が上昇し冷凍庫の冷却温度降下が始まると，食品自体よりも先に容器内温度が低下する．これに伴って水蒸気圧も食品＞周囲となる．このとき，水分は食品から周囲へと移行し乾燥が進行する．いったん食品から放出された水分は食品内に戻らず，包装内霜として容器壁面，食品表面に析出する．以上が従来の定性的説明である．そのため，商業用水産物に関してはアイスグレーズなどの手法が常用されている．また多量の原料の冷凍保管には注水冷凍（図1・2）として水の中でそのまま凍結を行い，氷ブロック内に魚が入るような手法がとられることがある．こういった手法を包装といった視点からとらえると，氷が食品表面に完全に密着し飽和蒸気圧を保ち，かつ熱容量が大きいことから断熱の効果が大きいため，最も優れた包装であるといえる．古典的技術であり利用できる食品の種類が限られるが，再考に値する手法であろう．グレーズ厚さを厚くすることで温度変動も吸収されるメリットもある．今後グレーズ手法の進化型の開発を期待したい．また凍結食品の保存中の乾燥を防止する別な手法は，保存温度を下げることにある．氷の蒸気圧は−40℃では−20℃の蒸気圧の約1/20になる．また，−20℃程度の保存温度であっても温度変動を極力小さくすることで霜発生，乾燥を防ぐことが可能である．すなわち食品の容器の周囲を断熱することで乾燥進行を抑えることが可能である．

3・3　食品内部における各種反応

凍結された食品内部での状態は，氷以外の部分は濃縮された食品成分が存在し，依然として分子の運動性を残しており，液体内の反応と同様に化学反応，酵素反応が進行する．

凍結直後の魚の筋肉は先に述べたように，タンパク質変性は少なく復元性がよい．しかし長期冷凍貯蔵中に変性が進行し，復元性が低くなる．冷凍保管中の魚肉筋原線維タンパク質の変性は冷凍保管温度が低いほど進行が緩やかになるが，温度変動は変性を促進する方向に働くことが知られている[7]．また極めて高鮮度の魚肉の場合には筋肉内ATPが変性抑制に寄与するとの知見がある（4章参照）．一方，特殊な例として，マグロ肉や畜肉のミオグロビンのメト化反応がある（4，9章参照）．この反応はマイナス温度域で進む化学反応や酵素反応に比較して数十倍の速度で進行する．凍結マグロ赤身肉では，この反応のため鮮赤色が，暗赤色化し商品価値を失うため，1年近くの長期保存をする場合には－60℃近くの低温で保存されている．いずれにせよ，これら反応を抑制するためには添加物に頼るか，温度をできるだけ低くするかの選択となる．

以上，冷凍保管・貯蔵中の変化について述べたが，これらすべてを一括して抑制する方法としては保存温度を下げることが理論的には推奨される．しかし，経済的，省エネルギーの観点からその限界があることも確かである．

§4. 解　凍

生鮮水産物の解凍方法は解凍後の品質を大きく左右する．新手の各種解凍装置が提案されているが，現在でさえ，冷凍食品の解凍過程で起こる変化と，その最適解凍法については科学的に体系付けられていないと言っても過言ではない．

解凍過程での品質の変化は，昨今理解が進んできたところである．これまでは，組織損傷を小さくするため急速解凍が推奨されてきたが，それ以外の因子が大

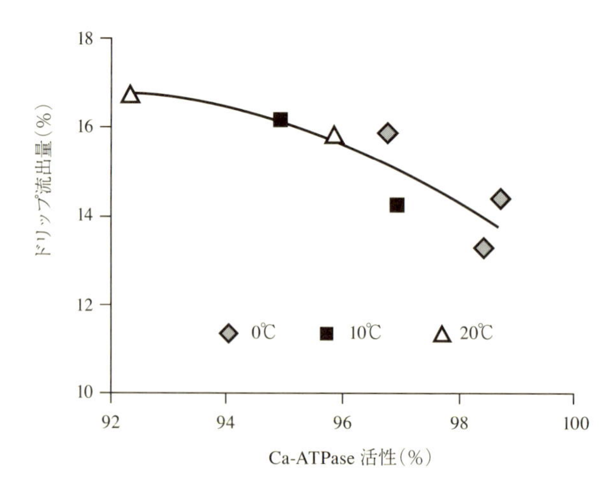

図2･8　凍結マグロ筋肉の解凍時における解凍後の流出ドリップ量とタンパク質変性指標としてのCa-ATPase活性の関係．図中の温度は解凍媒体の温度．

きく関与することが明らかになってきた．すなわち冷凍された生鮮水産物は解凍過程では内在する酵素の反応が急激に進行することで，臭い発生，色調変化，タンパク質の変性が促進される．そのための対策として取るべきことが明らかになってきた．すなわち求められる解凍条件は低温で，かつ急速な解凍が推奨される．しかし品温を低温にとどめることと急速化は相反する組み合わせである．優先されるべきは，低温化であり急速化は必ずしも必須条件ではない．

低温での解凍のメリットは，各種反応が進まない点に集約される．しかし，解凍プロセスにおける反応(タンパク質の変性も含める)については，現在のところ知見は多くない．解凍過程では，固体表面は解凍媒体温度に直ぐ到達し，中心部が解凍する(0℃近くまで到達)までの間，表面は媒体温度に長くさらされることになる．よって，内部の温度履歴と，表面部の温度履歴は全くといってよいほど異なる．研究者，技術者はこの現象をより慎重に扱うべきであろう．

最近の研究例として，マグロ解凍時における部位差を少なく，かつ温度分布を極力少なくした条件で解凍媒体温度を変化させ，ドリップ流出量とタンパク質変性(Ca-ATPase 活性の変化)の関係を調べた結果を図2・8に示す[8]．試料は薄いため直ぐに解凍媒体温度に到達し，その後その温度に維持される．このうち，20℃の媒体を用いた試験は，大きな試料を解凍した際の表面部の温度履歴と同等と考えられる．この結果から，解凍過程におけるドリップ流出量の増加は，タ

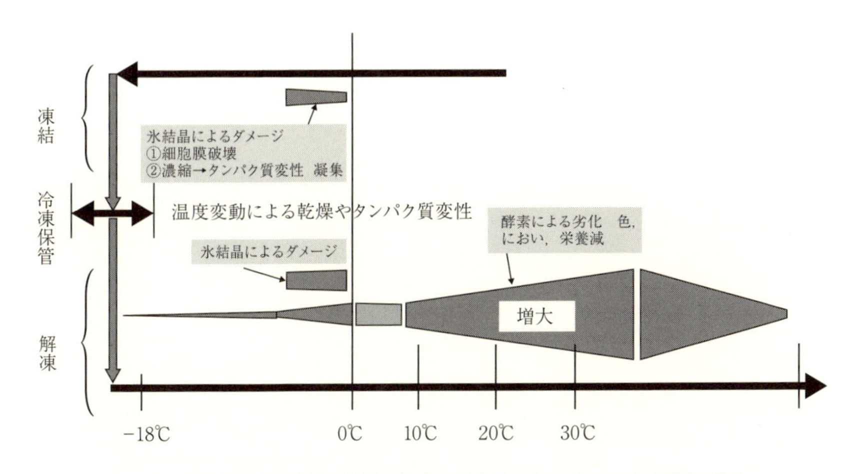

図2·9　生鮮水産物の凍結と保管・解凍の温度帯によるダメージの要因の強さ

ンパク質変性度，すなわち水和能に関係していることがわかる．20℃の解凍媒体を用いた場合，タンパク質の変性が進みタンパク質の水和能の低下が激しくなることがわかる．

これらから，凍結点ぎりぎりの0℃流水による解凍が，伝熱速度も速くかつ低温を維持できることから推奨されるが，チラー温度調整などの装置が必要となる．より簡易には，氷を使用することで代用が可能である．水を攪拌する水槽に氷を適量入れることで，比較的容易に水温を0℃近傍に安定に保つことができる．氷の大きな融解潜熱を利用した簡易な恒温システムととらえることができる．

一方で酵素が失活している加工品では，それらの劣化は配慮不要である．生鮮水産物の凍結と保管・解凍の温度帯による各種ダメージ要因について，図2・9にまとめた．

§5. 水産物の冷凍技術の今後

本章では生鮮魚肉の冷凍保存技術を中心に述べてきたが，冷凍技術がシステムであるといった視点のなかで，要素技術開発が行われることが今後の冷凍技術開発には望まれる．一方で，冷凍技術の新たなメリットとして，凍結によるアニサキスなど寄生虫の殺滅条件がアニサキス存在箇所の到達温度で決定されること[9]や，シジミを限定された条件で凍結解凍することでオルニチン含量が増加する[10]ことなどが見出されてきた．しかし，水産物の中でも生ウニなどはいかなる急速凍結でも解凍すると液状化する．また，ウバガイ(通称ホッキ貝)，アカガイなど生鮮貝類，高鮮度活イカなど歯ごたえを重視する水産物では，凍結による組織軟化が避けられない現状にある．これら未解決課題に取り組むに当たっても，凍結前の生物としての状態の制御も含めて，システムとしての冷凍技術といったアプローチが必要となってくると考えられる．

昨今，世界的な和食の広がりの中，和食の中心である水産物のおいしさをいかに海外に届けるか，冷凍技術の真価が問われているのではないだろうか．

文　献

1) 小林りか, 兼坂尚宏, 渡辺　学, 鈴木　徹. 食品凍結時の過冷却現象が氷結晶の形態およびドリップロスに及ぼす影響. 日本冷凍空調学論文集 2014；31：123-126.
2) 鈴木　徹, 他. 食品凍結中に磁場が及ぼす効果の実験的検証. 日本冷凍空調学会論文集 2009, 26（4）：371-386.
3) 高井　皓,「電磁場等を利用した凍結方法の評価」活動報告書 2011；冷凍 86（10）：
4) 橋詰和宗, 岩根隆生, 渡辺篤二. 凍豆腐のもや短縮に関する研究. 日本食品工業学会誌 1974；21（4）：146-150.
5) 福田　裕, 柞木田善治, 川村　満, 掛端甲一, 新井建一. 凍結および貯蔵によるマサバ筋原繊維タンパク質の変性. 日水誌 1982；48（11）：1627-1632.
6) 内海　優, 白井孝明, 渡辺　学, 大迫一史, 鈴木　徹. たらこ原料としてのスケトウダラ卵の冷凍によるダメージ. 日本冷凍空調学会論文集 2009；26（4）：397-403.
7) 福田 裕, 岡﨑恵美子, 和田律子. 凍結貯蔵中の温度変動が魚肉筋原線維タンパク質の変性に及ぼす影響. 日本冷凍空調学会論文集 2006；23（3）：335-340.
8) 小林りか, 田村朝章, 渡辺　学, 鈴木　徹. 冷凍マグロ魚肉の解凍過程におけるタンパク質変性がドリップ流出量に与える影響. 日本冷凍空調学会論文集 2015；31（3）：123-126.
9) 竹内　萌, 松原　久, 高橋　匡, 小坂善信, 工藤謙一, 渡辺　学, 鈴木　徹. アニサキス亜科 L3 幼虫の生存に与える凍結の影響. 日本冷凍空調学会論文集 2015；32：199-205.
10) 内沢秀光, 奈良岡哲志, 松江　一, 他. シジミの凍結処理によるオルニチン含量の変化（特集　冷凍化学の新展開；食品の品質を向上させる凍結中の化学変化の制御）. 冷凍 2009；84：939-946.

3章　水産物の冷凍保管条件と品質

中 澤 奈 穂*[1]・岡﨑惠美子*[1]

魚介類肉の品質は様々な成分や組織構造の変化によって大きく変わる．筋肉タンパク質は魚肉の主要な成分であり，筋肉細胞膜とともに，刺身や調理加工食品の食感を担っている．筋肉タンパク質が変性し，筋肉細胞膜などが劣化すると魚肉の食感は変化する．脂質は，酸化などで劣化すると魚肉の色調や風味を低下させる（10章）．また，脂質含量の多少は食感にも影響する．魚肉の色調に関連する成分は，マグロ肉などでは色素タンパク質ミオグロビン（4章，9章），サケ肉ではカロテノイドなどがあり，酸化によって色調は劣化する．低分子成分で魚肉の品質に影響する代表例としては，スケトウダラやエソ類で問題となるホルムアルデヒド（5章）が知られ，冷凍温度下で生成しタンパク質を変性させて食感を著しく低下させる．

魚介類肉のタンパク質や脂質，組織構造などは畜肉に比べて著しく不安定な上，魚介類の種類などによって性状や関連酵素の働きが異なり，冷凍耐性も異なる．これらの成分は，凍結速度，冷凍保管温度や温度変動，乾燥，解凍条件の影響を受ける．またこの他に，ストレス，疲労，鮮度などによる魚肉自身の生化学的状態によっても影響を受け，冷凍魚肉を利用，加工する際の品質を変化させる原因ともなる．

魚介類肉は，飼育環境や漁獲によるストレスや苦悶による筋肉疲労によって，筋肉中のアデノシン5’三リン酸（ATP）の分解およびpH低下が進行する．このような個体では死後変化が速く起こり，付加価値が低下する．付加価値を向上させるための取り組みの一つとして，魚介類を一定期間安静状態で飼育する短期蓄養による魚介類の品質向上技術[1]がある．短期蓄養を行うと，筋肉疲労が回復し，筋肉中のATP量とpHは再び上昇する．その後適正な魚体処理を行うことで，付加価値の高い刺身とすることができる．

冷凍魚介類肉でも，凍結時のATP量またはpHを高く維持したまま凍結する

*[1] 東京海洋大学学術研究院食品生産科学部門

ことによって，冷凍保管中のタンパク質変性やミオグロビンの褐色化(メト化)を抑制できることが近年明らかになってきた．ATPが高い条件下では，筋原線維タンパク質の冷凍変性[2]および色素タンパク質ミオグロビンの褐色化(メト化)[3]が抑制されることが報告されている(4章参照)．また死後硬直前の魚肉はpHが7付近と高いが，pH7～8付近では，pH5～6付近に比べて魚肉タンパク質の変性が抑制され,より安定であることが報告されている[4,5]．これらの研究例から，高ATP・高pHの冷凍魚肉を安定して製造することができれば，冷凍水産物のさらなる高品質化，高付加価値化が可能になるものと期待される．これらは魚介類そのものの生命維持活動や特性を活用した漁獲物の高品質化の取り組みともいえる．

このように魚介類の個々の特性を考慮しつつ，安定に冷凍保管するための冷凍技術が開発されてきた．しかし，科学的に解明されていない部分はまだなお多い．また，生鮮魚と冷凍魚との間には今なお価格差が生じており，より高品質な冷凍水産物を供給できれば，水産物の消費拡大や地域のブランド化にも大いに貢献できると考えられる．

本章の§1.では，冷凍水産物における冷凍保管条件の重要性について述べるとともに，冷凍保管時の変化に及ぼす各種因子の影響について述べる．なお，冷凍魚肉では，漁獲後から冷却，凍結，冷凍保管，および解凍の過程で，魚肉の温度が大きく変わる．そこで§2.では，温度条件による魚肉の生化学的変化について整理し，さらに温度条件の制御による冷凍水産物の高品質化に向けた取り組みについて紹介する．

§1. 冷凍保管条件による水産物の品質変化

1・1　水産物の冷凍保管温度

冷凍魚肉の品質劣化に直接影響する要因としてまずあげられるのはタンパク質の変性であり，さらに筋肉細胞膜の破壊，ミオグロビンのメト化，脂質劣化，低分子成分の変化などが加わる．これらの成分変化などの影響により，テクスチャー，色，味や香りなどの品質が劣化する．この品質劣化は凍結時の鮮度，凍結速度，冷凍保管温度，保管温度の変動，解凍条件，冷凍焼け(乾燥)，などの影響を受ける（図3・1[6]，表3・1）．

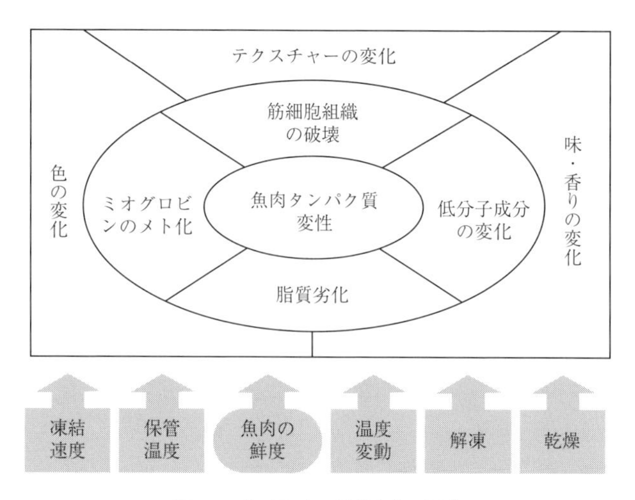

図 3·1　冷凍魚肉の品質変化要因[6)]

これらの要因のなかで，冷凍保管温度はとくに重要である．CODEX[7)] や国際冷凍協会[8,9)] による基準によれば，冷凍食品は－18℃以下での保存が必要とされているが，水産物の場合，一般的な商用冷凍庫の温度(－20 ～－25℃)では，上記のような各種品質変化を抑制できない．例えばマグロの赤い色調は，色素タンパク質であるミオグロビンによるものであるが，遠洋延縄漁業によるマグロ漁獲が開始された1950 年代のマグロは不十分な温度帯での保管により褐色化(メト化)し，商品価値の低いものであった．その後の研究により，－35℃以下での保管によりメト化を防止できる[10)] ことが明らかにされ，冷凍保管庫の超低温化が進み，－50 ～－70℃の超低温域まで大幅に低下している．ただし1・2 で述べるように，品質変化を抑制するための温度は魚種や関与する成分などによって異なり一様ではない．魚種，用途，価格とエネルギーコストを勘案して，適切な温度帯を選択することが重要である．

1・2　冷凍保管温度による魚肉成分の変化

魚肉タンパク質の冷凍変性は冷凍保管温度と密接な関係がある．保管温度が高くなれば変性速度は指数関数的に増大するが，その程度は魚種によって異なり，生息水温の高いメバチやティラピアの冷凍耐性は高く，生息温度の低いムネダラやスケトウダラは冷凍耐性が低い傾向がある(図 3・2)[11)] しかし，保管温度を

表3·1　冷凍保管中に生じる種々の品質劣化

タンパク質の変性	主として筋原繊維タンパク質が変性し，解凍後の細胞復元力に影響する．タンパク質変性が著しい場合，魚介肉のテクスチャーの劣化，ドリップ生成，肉質のスポンジ化に繋がる．魚肉の結着性や加熱ゲル形成能など，加工に必要な機能も低下する．
乾燥	低温下ほど氷の水蒸気分圧は小さく食品表面の乾燥が少ないが，緩慢な凍結温度帯では水蒸気分圧が高いため，表面が乾燥しやすく，著しい場合はスポンジ状となる．昇華により氷が除去された空隙は凍結品の表面積を増大させ，脂質酸化が促進される．乾燥防止には，適切な包装やグレーズ（氷衣）処理が必要である．
スポンジ化	凍結貯蔵後の肉質が水っぽくぱさぱさした多孔質のものになる現象で，底生性のスケトウダラやマダラなどで起こりやすい．ドリップが流出しやすくなり，重量の減少や呈味成分·栄養成分の損失を招く．鮮度が低く，水分が多い魚介類を緩慢凍結し，高温で長期間冷凍貯蔵した場合に起こりやすい．
脂質の加水分解	魚介類の脂質のうち，とくにリン脂質は，冷凍貯蔵中に加水分解酵素により分解され，遊離脂肪酸を生成する．風味の劣化，ミオシンなどのタンパク質に溶解性低下，テクスチャーや肉の加工適性の低下に影響する．
脂質の酸化	魚介類脂質には高度不飽和脂肪酸が多く含まれるため，凍結貯蔵中に酸素に触れると容易に自動酸化を起こす．過酸化物は自動酸化の進行に伴い，高分子重合体や二次生成物（低級脂肪酸・カルボニル化合物など）を生成し，「油焼け」「凍結やけ」の原因となる．外観の損失，香味，栄養価，タンパク態窒素，アミノ酸，有効性リシンの現象などを伴う．
ホルムアルデヒドの生成	タラ類，エソ類の肉では死後の鮮度低下に伴い冷蔵中にホルムアルデヒド（FA）が生成しやすく，タンパク質を変性させるが，緩慢温度帯での冷凍貯蔵中にも生成する．生成母体はトリメチルアミンオキシド（TMAO）であり，筋肉中に存在するタンパク質のアスポリンの酵素類似作用により分解されてFAとジメチルアミン（DMA）が生成する．魚肉のスポンジ化や水産練り製品のゲル形成阻害要因となる．
ミオグロビンのメト化	血合い肉や，マグロのような赤身魚肉に多く含まれるミオグロビン（ヘム部の鉄はFe^{2+}は，冷凍貯蔵中に不可逆的に酸化され，褐色のメトミオグロビン（ヘム部の鉄がFe^{3+}）を生成する．肉色は次第に褐色になり，商品価値が低下する．
カロテノイド色素の退色	サケ・マスの肉色やタイ・キチジ・ホウボウ・メヌケなどの赤い体色（アスタキサンチン，ツナキサンチンなど）は，冷凍貯蔵中に徐々に退色する．退色は食塩，酸素，光線，酸化酵素，金属イオンの作用などにより促進される．退色防止には，ポリフェノール類，トコフェロール，アスコルビン酸ナトリウム，エリソルビン酸ナトリウムなどの酸化防止剤，クエン酸などの使用や，グレーズ剤処理や包装などによる酸素の遮断や，できるだけ低温下での凍結保管が有効である．
エビ・カニの黒変（メラニン生成）	エビ・カニ類は氷蔵，冷凍貯蔵，解凍時に黒変しやすい．甲殻類の体タンパク質が内在性酵素や細菌の酵素により分解し，チロシンやジヒドロキシフェニルアラニンを生じ，酸素や紫外線の存在下，血球細胞由来のフェノール酸化酵素が作用し黒色色素のメラニンが生成することによる．商品価値が著しく低下するため種々の防止策が取られている．

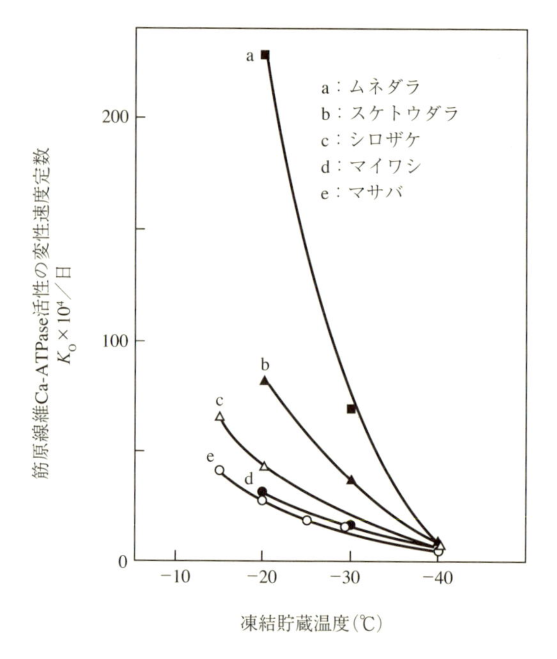

図3･2　魚肉タンパク質の冷凍変性速度に及ぼす貯蔵温度の影響 [11]

−40℃付近まで下げるといずれの魚種も変性速度が遅くなり，魚種間の差も小さくなり，冷凍耐性は著しく安定化し [11]，魚種間の差も小さくなる．

次に，遠洋延縄で漁獲され活きしめ後に船上凍結された冷凍メバチの，漁獲時に微小な鮮度差が生じた個体を用いて，冷凍保管中のミオグロビンのメト化速度を比較した例を示す(図3･3)[12]．ATP量とpHが生存時と同等に高い個体(高ATP・高pH)とATP量とpHが低い個体(低ATP・低pH)を−20 ～−60℃で約1年間冷凍保管した．低ATP・低pHの個体は−20℃，−35℃，−40℃で顕著なメト化が認められ，−45℃以下でメト化が抑制された．一方，高ATP・高pHの個体では，明確にメト化が進行したのは−20℃のみであり，−35℃以下でメト化が抑制された．つまり，同じ温度で冷凍保管しても，高ATP・高pHの冷凍魚肉の方が長期間高い品質が保たれることが示された．この例に示されるように，近年の研究により，冷凍水産物の品質は凍結条件や冷凍保管条件のみならず，対象となる水産物の生理的条件や漁獲条件，凍結前の処理条件などにも影響される[12-15]ことが明らかになりつつある(§2. 参照)．

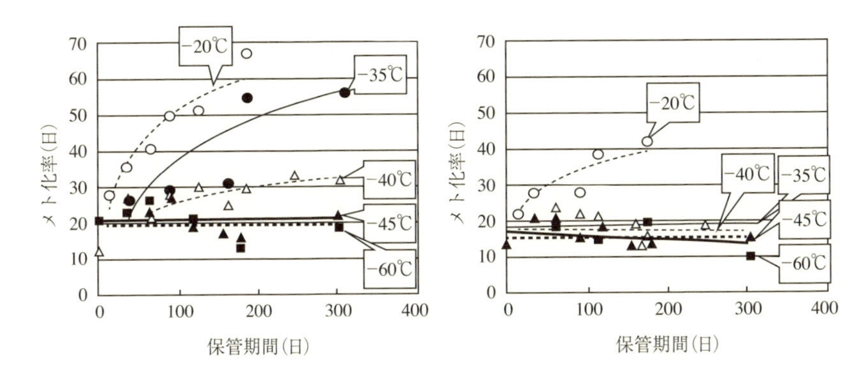

図3･3　鮮度の異なるマグロ肉の各種保管温度下におけるミオグロビンのメト化率の変化[12]
（左：低鮮度マグロ肉　ATP残存量0μmol/g，pH6.1-6.2，右：高鮮度マグロ肉　ATP残存量8μmol/g，pH6.7-7.0）

脂質の酸化や加水分解（10章参照），糖アミノ反応による色変，カロテノイドの関与する赤色魚類の退色，タンパク質変性に影響するホルムアルデヒド生成（第5章参照）などについても，類似した温度依存性がある．

1・3　水産物の凍結速度－急速凍結と緩慢凍結－

一般に凍結は，最大氷結晶生成帯（−1〜−5℃）を通過する際に要した時間によって，急速凍結と緩慢凍結に分けられる[16]（2章参照）．急速凍結は，この温度帯をおよそ30分以内に通過することを目安としている[16]．食品の凍結点，すなわち食品中に氷結晶が生成し始める温度は，例えばサバでは−1℃，イカでは−2.25℃付近である[17]．魚肉の温度が凍結点以下に低下すると氷結晶が生成するが，その際に急速凍結では多数の微細な氷結晶が筋細胞内に生成するのに対して，緩慢凍結ではサイズの大きな氷結晶が筋細胞外に生成しやすくなるとされる（2章参照）．食品では，微細な氷結晶が細胞内に均一に分散するのがよい状態といわれ，急速凍結が推奨されている．その根拠として，①緩慢凍結による大きな氷結晶の生成が筋肉細胞組織に物理的破壊をもたらす，②氷結晶生成に伴う塩濃縮がタンパク質の変性を引き起こす，ことなどがあげられている．このため，これまでの食品冷凍学では，「凍結速度の遅速による氷結晶の生成状態が，冷凍魚肉の品質を規定する」との強い表現が多く使われてきた．一方，前述したように，品質に影響する要因は多数あるため，氷結晶の生成状態だけを考慮すれば必ず解凍後も品質の高い冷凍水産物ができるというわけではない．このことについて，1・4で詳しく述べる．

1・4　凍結速度と冷凍保管温度が氷結晶の生成と解凍後の復元に及ぼす影響

凍結から解凍までの過程のタンパク質と水分子の動きを図3・4[6]に示した．凍結とは水分がタンパク質から分離して，水分子同士が結晶化して氷を形成する過程である．冷凍保管中は保管温度の高低によりタンパク質が変性する．解凍後は氷結晶が融けて水となり，水分子が再びタンパク質に吸収され，筋肉細胞が復元する．凍結から解凍までにタンパク質変性が著しければ，タンパク質は水を吸収できず細胞の復元は不完全となり，品質は著しく低下する．すなわち，凍結時に細胞外凍結した水も，良好に保存された魚介肉であれば，解凍時に再び細胞内に吸収されて細胞は元の形に復元する．冷凍保管中にタンパク質の変性が進行した筋肉細胞では，解凍時における水分の再吸収能力が弱まりドリップ量が増大するとともに，テクスチャーなどの肉質が劣化する．

図3・5[18]は凍結速度と保管温度を変化させて10ヶ月間保管したサバ肉の氷結晶と解凍後の復元状態，図3・6[19]はこのときのタンパク質の変性度合を示したものである．緩慢凍結により大きな氷結晶を生成した魚肉であっても，十分に低い温度(−40℃)で保管し，タンパク質の変性を抑制すれば，解凍時に細胞が

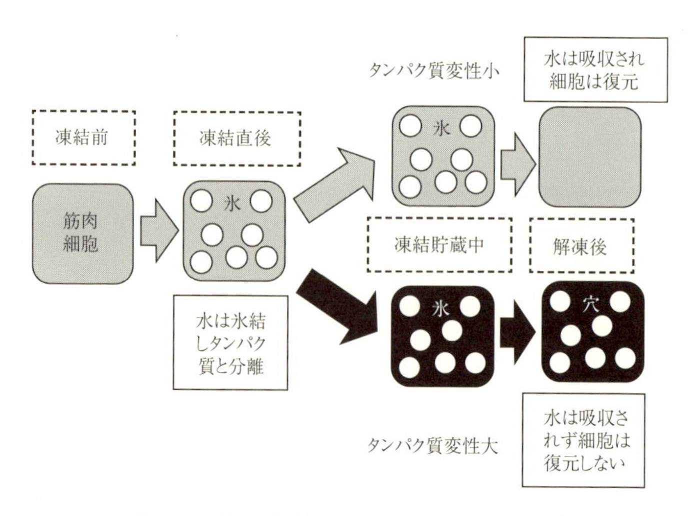

図3·4　凍結から解凍過程のタンパク質と水の動き[6]

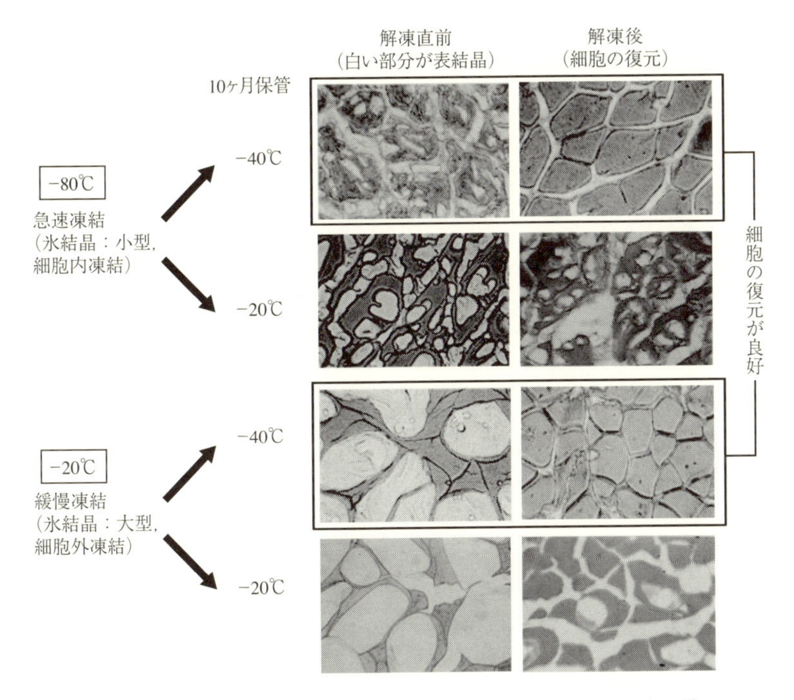

図 3･5　凍結速度と保管温度の異なるサバ肉の氷結晶と解凍後の復元 [18]
（口絵 5 も参照）

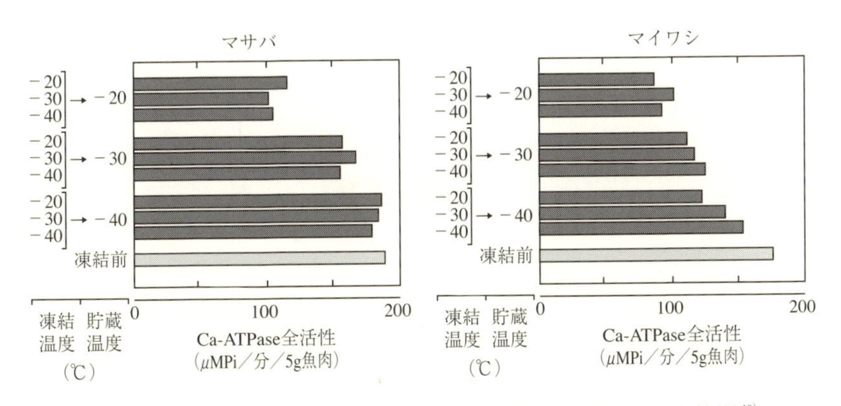

図 3･6　タンパク質の変性に及ぼす凍結速度と貯蔵温度の影響（10 ヶ月保管後）[19]

良好な状態で復元できることが示されている．すなわち，凍結過程における単純な体積膨張や細胞の変形のみが凍結による損傷の直接的な原因なのではなく，これに伴うタンパク質の変性が第一に考慮されるべき要因であることがわかる．マグロのように魚体の大きな魚では，表面に近い部分だけが急速に凍結され，中心部は緩慢凍結になっている[20]と報告されている．ただし現実的には表面部と中心部とで，それほど大きな品質上の差異は認知されていないことから，この程度の凍結速度の遅速による氷結晶サイズの差異は，マグロ肉の食品としての品質や価格に決定的な影響を与えるほど重大ではないともいえる．

一方，同じ魚肉でも一旦ミンチにして塩ずりし加熱する魚肉練り製品，とくに板付きかまぼこなどでは，事情は異なっている．魚肉タンパク質が塩によって溶解し絡み合って形成されたかまぼこは，比較的均一なゲル状食品であるが，これを凍結する場合，魚肉と同様に凍結速度の違いによって氷結晶サイズは異なるが，魚肉の場合よりも大きな氷結晶が生成する（図 3・7）．また，凍結によりかまぼこ組織から分離した水は，解凍後も完全に組織に吸収されず，また氷結晶の生成に伴って生じた空隙部分もそのまま残る．ドリップの生成状態は低温で保管することによってかなり抑制できるものの，凍結速度に由来する氷結晶サイズが，かまぼこの品質に大きな影響を与えていることが確認されている*2．これは，筋肉細胞が膜で囲まれて規則的な構造を持つ魚肉組織とそのような構造がないかまぼこの組織構造の違いや，かまぼこが加熱後に凍結されていること，

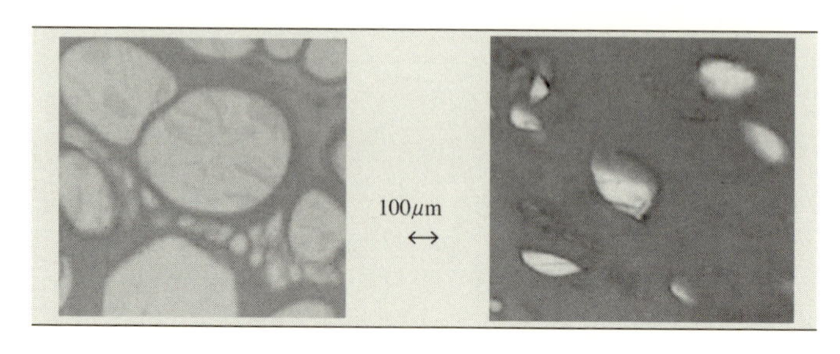

図 3･7　緩慢凍結したかまぼこの顕微鏡観察図（左：凍結中の氷結晶，右：解凍後の空隙）

*2 賈　茹，江口真美，中澤奈穂，平岡芳信，大迫一史，岡崎惠美子．異なる加熱・凍結方法によるすり身加熱ゲルの凍結保管中の性状変化．平成 26 年度日本水産学会春季大会講演要旨集，p.132（2014）

すなわちタンパク質の変性の有無などが影響していると考えられる．以上のように，かまぼこの場合には生鮮魚肉と比較して，凍結によるダメージを大きく受けやすいが，その程度はかまぼこの性状によって異なることもわかってきた．例として，微粒化した魚油粒子を乳化分散させたかまぼこでは保水性が高く，氷結晶の生成や成長のしやすさ，解凍ドリップの生じやすさが異なっていることが示されている[21)]．

氷結晶の形成が大きく品質に影響する食品とそうでない食品をどのように考えたらよいのかについては，今後更に詳細な研究が必要である．

1・5　まとめ

1章にも示されているように，品質の優れた冷凍水産物とするためには冷凍保管温度や保管期間に関するT-TT概念が重要である．これに加えて2章で示されているように，漁獲後の前処理工程，冷却・凍結，保管，および解凍を一連のシステムとして捉え，それぞれ最適な技術を選択する必要がある．さらに本章で示したように，これらは魚介類の性質に合わせて選択，設定される必要がある．すなわち，関連する条件が揃って，初めて冷凍水産物の品質の維持・向上が可能になるといえる．

近年は，種々の優れた凍結装置が開発されているが，ここで述べたような冷凍の基本的な認識の欠如のために，冷凍保管温度が十分でなく期待した品質を保持できなかった例も散見されるようである．現状では，一般的な商用冷凍庫の保管温度は約−20～−25℃が主流であるため，年間を通じた保管の際には種々の品質劣化を避けられない．一方，冷凍マグロ運搬船や陸上冷凍庫では−50℃以下の超低温度域が用いられているが，高コストである．今後，エネルギーコストの削減や，冷媒のフロン規制に対応するために，魚介肉の品質を安定させ，かつ経済的な保管温度の解明が求められる．図3・8に示すように，冷凍水産物の適正な保管温度帯は，それぞれの水産物の性状によって異なることから，対象物の特性に応じた適正な保管温度帯の解明に向けた研究が，今後更に発展することが期待される．

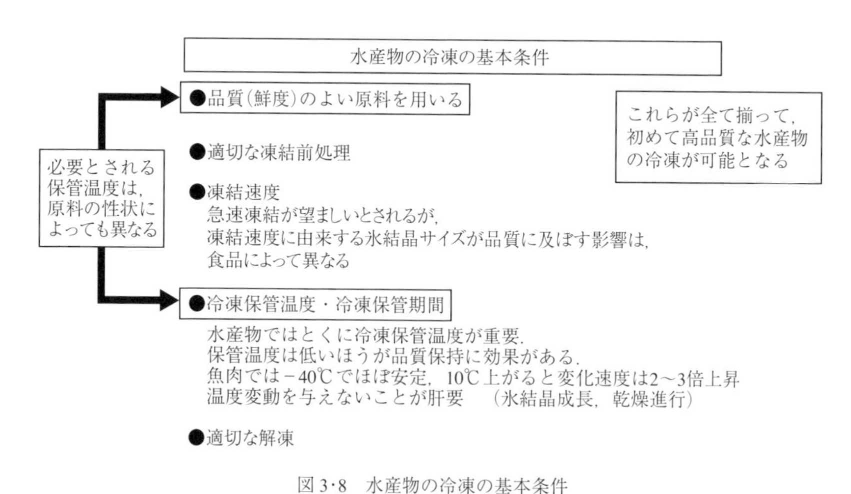

図 3･8　水産物の冷凍の基本条件

§2. 温度条件による生化学的反応と品質の制御

2・1 ATP と pH の維持による冷凍水産物の高品質化

§1. で述べたように，魚介類肉そのものの特性を活用した漁獲物の高品質化の取り組みの一つとして，ATP 量や pH を高く維持した冷凍魚介類肉の製造があげられる．ATP 量と pH を生存時と同じように保ったまま凍結できる条件を明らかにし，高 ATP・高 pH の冷凍魚肉を安定して製造することができれば，冷凍水産物のさらなる高品質化，高付加価値化につながるものと期待される．

冷凍魚肉の ATP 量と pH の低下に影響する因子[22] としては，漁獲時の筋肉疲労や魚体処理方法によるストレス，致死後の死後硬直と解糖の進行，冷却時の「寒冷収縮」の進行，氷結晶生成に伴う酵素流出や成分濃縮による生化学的反応の促進，および凍結時の温度低下に伴う生化学的反応の抑制・停止など，様々な現象があげられる．さらに解凍する際には，ATP 量が高い冷凍魚介類肉を急速に解凍すると ATP 減少と解凍硬直が起こり，ATP は消失する．また，特に赤身魚肉では解凍に伴って pH が急激に低下する．

漁獲後から冷却，凍結，冷凍保管，および解凍の過程で，魚肉の温度は大きく変わる．そこで，漁獲後からの温度条件により魚肉の生化学的反応がどう変化するか，主に ATP，pH の観点から基本的な情報を整理する．また，高品質

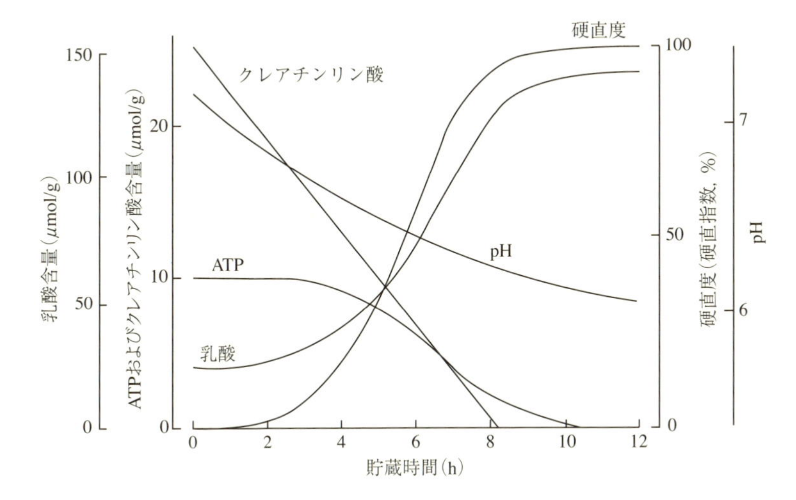

図3・9　安静時のマイワシを即殺して氷蔵した時の生化学的変化[23]

な解凍肉を得るための手段に関しては，科学的な知見が十分ではない．そこで，解凍の過程で，温度条件を変えることによって冷凍魚肉の品質の制御を試みた研究例も紹介する．

2・2　漁獲後の死後変化ー死後硬直と解糖によるATP・pHの低下ー

漁獲直後の魚体はしなやかであるが，死後数分から数時間で死後硬直が始まって次第に硬くなり，魚体は完全硬直する[23]．その後，解硬・軟化し腐敗に至る．

筋肉のATP量は，死直後から一定期間一定のレベルで維持されるが，やがて減少して最終的には消失する．ATP量が減少し始めるときに死後硬直が始まる．筋原線維タンパク質ミオシンはATPを分解する酵素（ATPase）でもあり，ATPを分解してそのエネルギーで筋原線維タンパク質アクチンとの間ですべり運動を起こし，筋肉が収縮する．ATPが存在すると筋原線維タンパク質が再び解離して筋肉は弛緩するが，ATPが減少すると解離せず筋肉の死後硬直が進む．なお，ATP量の減少と死後硬直の開始と同時期に，グリコーゲンを分解してATPを生成する嫌気的解糖が始まり，乳酸が蓄積するなどにより筋肉pHが低下する．赤身魚肉はグリコーゲン含量が高いために，白身魚肉よりも解糖が顕著で，筋肉pHは7付近から6付近へと大きく低下する（図3・9）[23]．

死後硬直の進行速度や強さには，魚介類の種類，飼育条件，漁獲前の消耗の

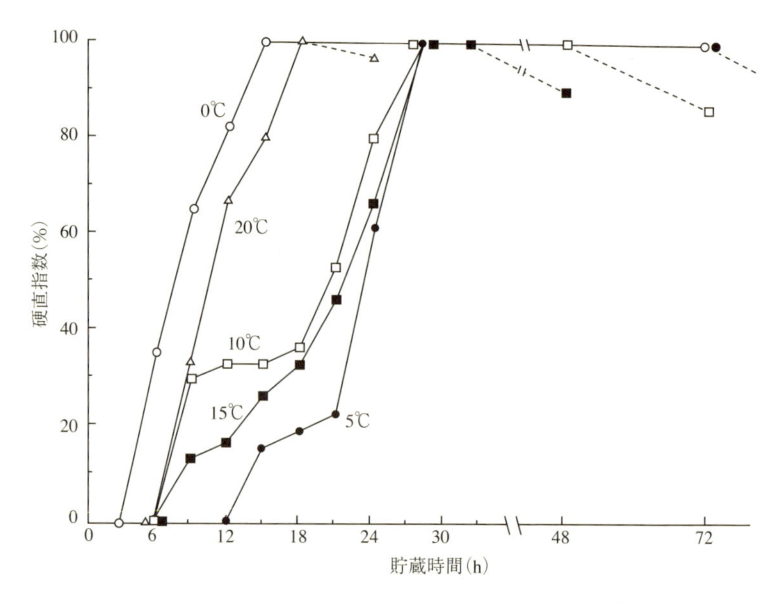

図 3·10　ヒラメの種々の温度における硬直指数の変化[24]

程度，致死条件，死後の処理方法，貯蔵温度などが影響している[23]．とりわけ貯蔵温度は重要な因子である．鮮度指標 K 値は，魚肉の鮮度低下と合致する指標としてよく用いられており，ATP が分解した後に，さらに分解する過程で生成するイノシンとヒポキサンチンの比率で表される．K 値の上昇は温度が低いほど緩慢であり，一般的には鮮度保持のため漁獲後は十分に冷却することが望ましい．

2・3　0℃付近における成分変化－寒冷収縮と解糖－

死後硬直前の魚介類肉は「活き」の状態とされ，透明感と独特の歯ごたえから，鮮魚で流通する場合は付加価値が非常に高い．ヒラメ（図 3・10）[24]，ハマチ[24]，マゴチ[24]，マダイ[24]，イワシ[25]，マサバ[25]，などでは，活きしめ後に 0℃付近で急速に冷却して保管した場合に比べて，5～15℃で保管した場合は，ATP が長時間維持され，死後硬直の開始または完全硬直までの時間を遅延することができると報告されている．これは，活きしめ後に急速に冷却すると，筋肉細胞内の筋小胞体のカルシウム調節機能が低下して ATPase 活性が高まり，ATP の分解と筋収縮が急速に進行し，ATP 量が急速に低下する寒冷収縮[26]によるものである．すなわち，前述の魚種では漁獲後短時間で鮮魚流通する場合には，魚

表3･2　化学変化の最も著しい凍結温度[27]

資料の種類	温　度（℃）	測定項目
ハ ド ッ ク 肉	−3〜−3.5	乳酸生成
ハ ド ッ ク 肉 液 汁	−2	蛋白質の沈殿
コ イ と マ ス の 肉	−1.5付近	ATP分解
タ ラ 肉	−1.5	蛋白質の変性
タ ラ 肉	−4	リン脂質の分解
マ グ ロ 肉	−3と−6付近	肉色の褐変

肉を緩やかに冷却して，氷蔵よりもやや高い温度で保管することによって寒冷収縮を防止し，付加価値を向上することが可能である．なお，保管温度に関わらず乳酸生成量およびpH低下はほぼ同じであるとされる[24,25]．

2・4　冷却・凍結における生化学的反応の促進と抑制

魚肉を冷凍する場合は，肉の鮮度が低下しないうちに魚肉を凍結温度以下まで低下させる必要がある．ここで，−1〜−5℃付近の凍結状態の肉では，未凍結の0℃付近の肉に比べて，タンパク質変性や解糖を始めとする様々な生化学的反応が促進されることが報告されている．表3・2[27]に種々の魚肉における化学変化が最も著しい凍結温度を示した．この現象は氷結晶が生成する際に，塩や未凍結の酵素を含む細胞成分が組織中に濃縮されることや，氷結晶生成に伴って細胞構造が損傷して酵素などが放出されることが要因と考えられている（2章参照）．

なお，ここでは氷結晶生成の影響を，生化学的反応の進行を促進させるという点に絞り，筋肉細胞の物理的損傷などについては触れていない．これは，§1.で述べたように，魚肉のような食品では品質上，タンパク質の冷凍変性がなければ，解凍で生じた水はほとんどが細胞に吸収されて復元するとされていることや[28]，同じ凍結速度でも死後段階が異なる魚肉では氷結晶への耐性が異なること[29]などから，食品の品質への影響は一様ではないためである．

NowlanとDyerは，タイセイヨウタラを用いた実験により，冷却速度と温度はクレアチンリン酸やATPなどの高エネルギーリン酸化合物の分解と解糖の進行速度に影響することを明らかにした[29,30]．タイセイヨウタラでは0℃よりも−1〜−4℃の方がATP分解と解糖が速く，−3℃でその速度は最大となった

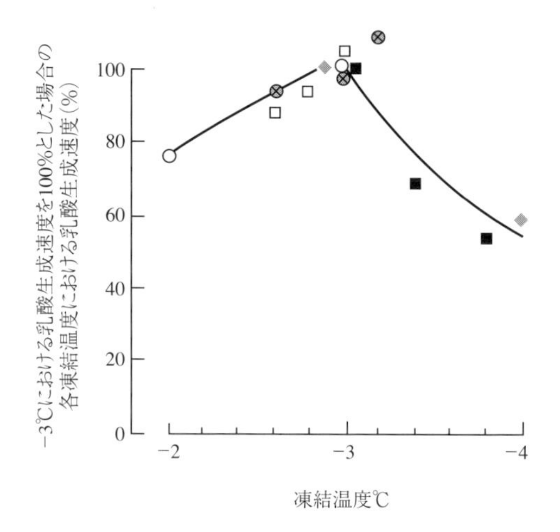

図 3･11　−2 〜 −4℃の範囲の様々な温度で凍結された硬直前タイセイヨウタラ（*Gadus morhua*）筋肉の解糖の割合の比較[30)]

(図 3・11). また尾藤らは淡水魚, 海産魚, イカ, 馬肉などにおいて凍結中のATP分解を調べ, フナ, コイでは−1.7℃を過ぎるとATPの分解が著しいこと, 凍結と非凍結状態では分解速度が異なることなどを報告している[30)].

一方, 赤身魚肉についてはあまり詳細な知見がなく, とくに冷却条件がpHに及ぼす影響については明らかではなかった. そこで筆者らは養殖クロマグロと養殖マサバを使用して, 赤身魚肉の冷却速度と最終温度がATP量ならびにpHにどう影響するかを調べた.

養殖クロマグロ肉を, 活きしめ後2時間以内に直径5.5cm, 高さ4または6cmの円柱状に切り取り, 凍結速度を変えて最終温度−50 〜 −40℃で凍結した. 0℃から−5℃まで低下するのに要した時間が1時間以内の場合には, 凍結前後でpHはほとんど変わらなかったが, 5時間以上の場合には最大で0.7と大幅に低下して, pH6.0以下となった. 一方で, ATPは0℃から−5℃まで9時間かけて低下させた場合でも約6μmol/g残存し, 凍結速度が変化しても比較的維持された[*3].

---

*3 中澤奈穂, 大磯拓也, 名本　葵, 和田律子, 福島英登, 福田　裕. マグロ肉の凍結速度による氷結晶生成と解凍復元. 日本冷凍空調学会年次大会講演論文集 2011；353-354.

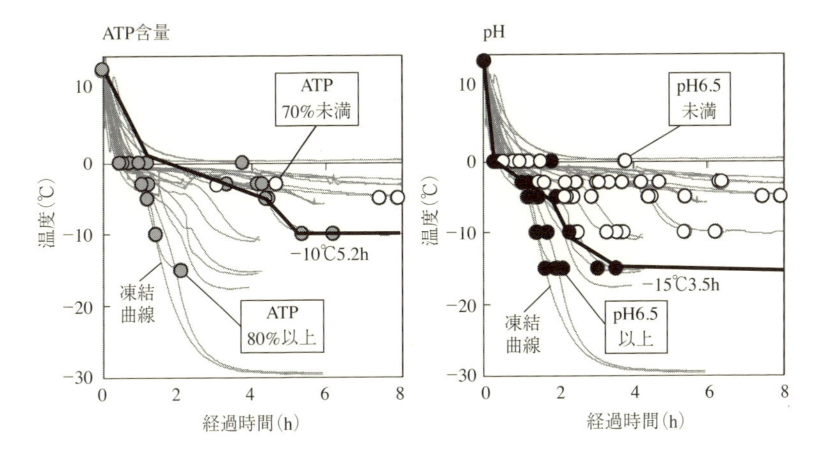

図3・12 マサバ肉の凍結曲線とATP・pHの関係
(図中の太線よりも速い凍結曲線の場合にATPとpHが維持された)

次に，養殖マサバを1週間蓄養後に活きしめして，魚体を直ちに温度を変えたアルコールブラインに入れて，肉中心の最終温度が−30〜0℃になるように冷却した．その結果，肉の温度が0〜−1℃付近を通過するときおよび−4℃以下ではATPとpHの変化は小さかったが，−1〜−4℃を通過する間にATPとpHの変化が最も大きかった．特にpH低下はATP量低下の2倍程度の速度で進行した．なお，ATPは最終温度−10℃の場合に，pHは−15℃の場合に低下が抑制された．肉の冷却曲線とATP量ならびにpH値から，マサバについては活きしめ後2〜3時間以内に−15℃以下まで冷却することによって，pH 6.5以上，ATP含量約80％を維持した冷凍マサバ肉が調製された(図3・12)[*4].

ここでタラの場合，ATP分解と解糖の進行は−29℃で保管すると大きく抑制されるものの，まだなお進行することが報告されている[30)]．ATPとpHを凍結時のまま維持するには，冷凍保管温度にも留意し，望ましくは−30℃以下で保管する必要があるといえる．

以上の結果は，冷凍赤身魚肉にはATP量とpHを維持するために適正な冷却速度と最終温度があり，適正な冷却速度以上で，反応が停止する最終温度まで

---

*4 中澤奈穂，前田俊道，福島英登，和田律子，田中竜介，岡﨑惠美子，福田 裕．死後におけるマサバ筋肉のATP含量とpH値の低下に及ぼす冷却速度と冷却終温度の影響．日本水産学会春季大会講演要旨集 2014;125.

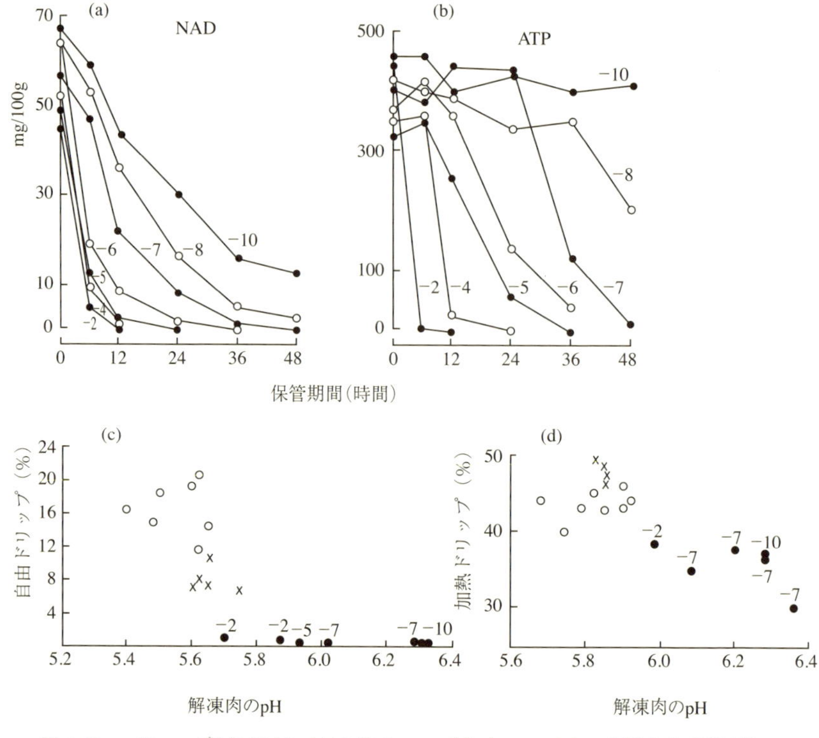

図 3･13　−10 〜 −2℃におけるイワシ肉の NAD（a）と ATP（b）の変化および解凍後の pH と解凍（c）・加熱（d）ドリップ率の関係[34]

一気に到達させる冷却方法が必要であることを示している．またこのことは，冷凍流通と鮮魚流通では，付加価値を向上するための最適な冷却条件がそれぞれ異なることを示している．

2・5　解凍による成分変化−解凍前温度制御による魚肉の品質制御−

冷凍保管中に停止していた生化学的反応は，解凍の過程で再び急速に進行する．すなわち，ATP と pH が高い冷凍魚肉も解凍後には ATP が消失し，pH が最低値にまで低下する．また高 ATP の冷凍魚肉を急速に解凍すると，解凍硬直と呼ばれる ATP の分解と激しい筋収縮が起こり，著しいドリップの流出と肉の硬化により品質は著しく損なわれる[22]．

これに対して，高 ATP 量のカツオ[33]，イワシ[34]，メバチ[35] 冷凍肉を，解凍

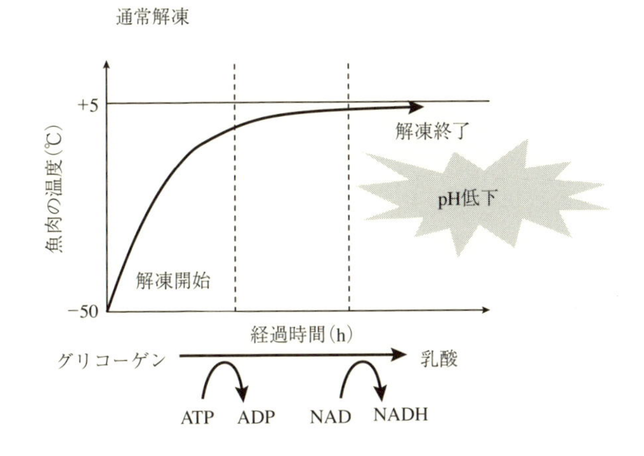

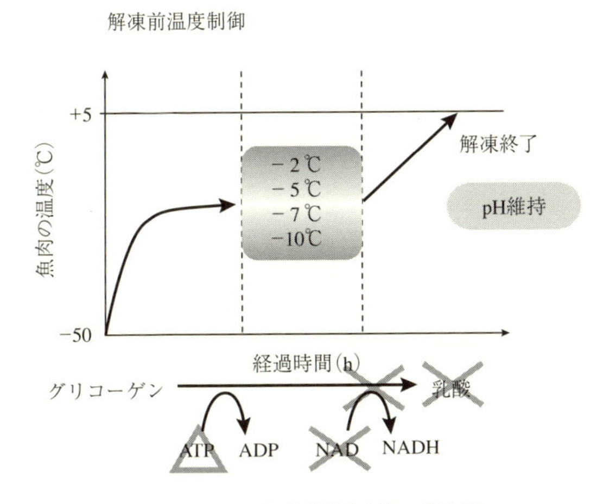

図3·14　解凍前温度制御の概念図

前に−10℃付近で一定期間保管したものでは，その後完全に解凍すると，急速解凍を行っても解凍硬直が起こらず，解凍ドリップと加熱ドリップが抑制されることが報告されている．また，この方法で解凍したカツオ，イワシでは，解凍後もpHが高く維持され，pHが高くなるにつれてドリップ率が抑制されることが示されている(図3・13[34])．なおここでは，解凍前に−10～−2℃付近の冷凍温度で一定期間保管する温度処理を，解凍前温度制御と呼び，図3・14にその概念図を示した．通常解凍では魚肉の温度上昇とともに解糖が急激に進行し

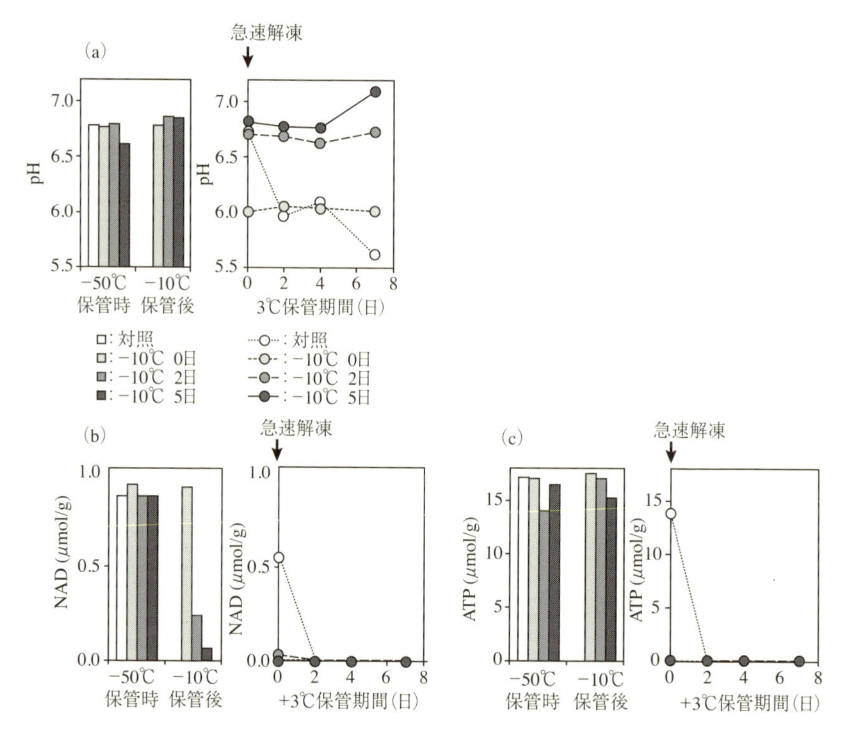

図 3·15　冷凍メバチの解凍前−10℃保管による pH 低下抑制効果（a）と NAD（b），ATP（c）量の変化

て魚肉の pH は低下する．しかし，解凍前に−10℃付近で数日間保管すると，この冷凍肉中では解糖が非常にゆっくりと進行するために pH はほとんど低下しない．一方で，解糖系補酵素 NAD が減少する反応は明確に進行する．その結果，NAD が関与する反応の前で解糖系が停止したまま解凍されるために，魚肉にグリコーゲンが豊富に含まれていても解糖が進行せず，最終生成物の乳酸も生成しないとされている[36]．しかし，本手法はまだ検討例が少なく，品質への影響や適正な処理条件および原理などの詳細は明らかになっていない．

そこで筆者らは，この手法を ATP 量と pH が高いメバチ[37]とゴマサバ冷凍肉に応用し，解凍肉の刺身としての品質を調べた．−10℃で 2 〜 3 日間以上保管した後に解凍したメバチは，解凍後の pH が 6.5 〜 6.8（図 3・15）であり pH 低

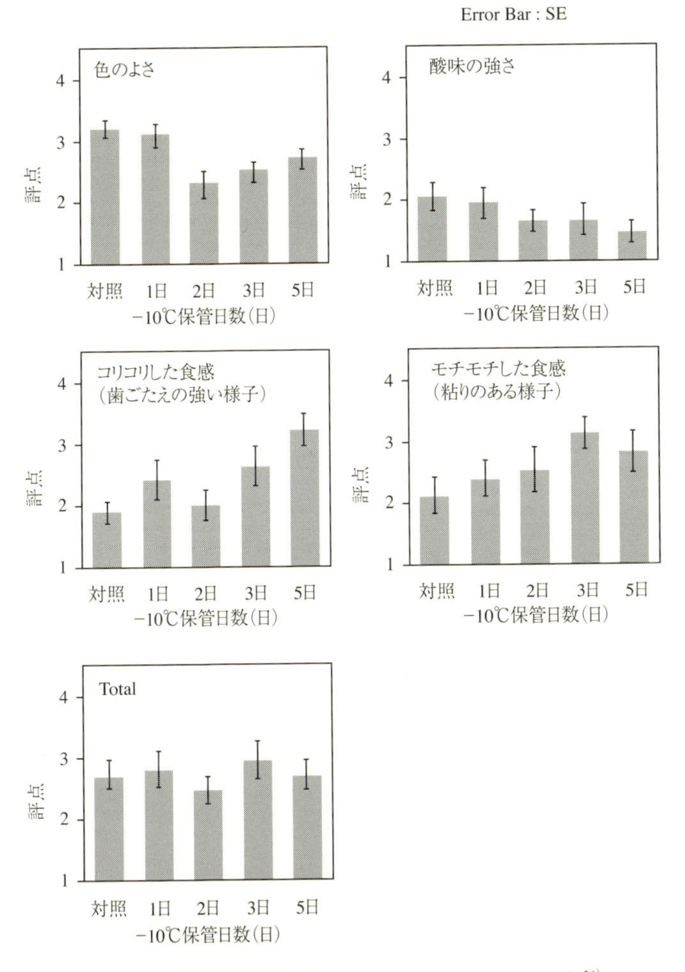

図3･16　解凍前温度処理後に解凍したメバチ肉の官能評点[36)]

下が抑制された．緩慢解凍を行った肉で官能評価を行った結果，−10℃で解凍前温度制御を行ったメバチ解凍肉では，色調はやや低下傾向があったものの，食感の向上や酸味が減少する傾向が認められた（図3・16）．なお，冷凍メバチのpH，NADおよびATPは，解凍前の保管温度と保管期間に依存して低下した[35,38)]（図3･17[38)]）．冷凍ゴマサバでも解凍後のpH低下を抑制する効果が得られ，保水性の

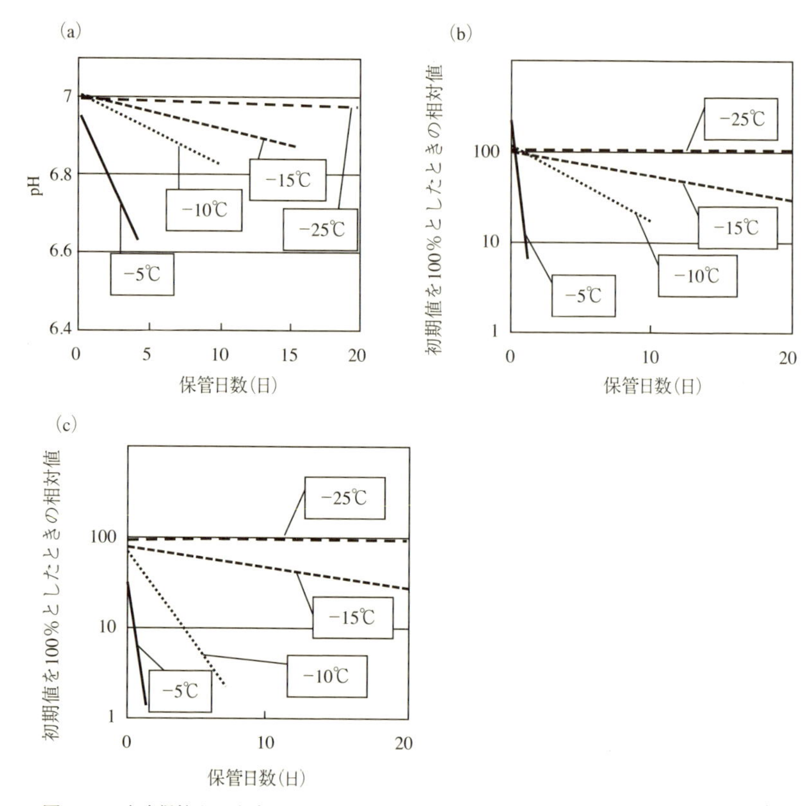

図 3·17　冷凍保管中の冷凍メバチの pH（a）と ATP 含量（b），NAD 含量（c）の変化[38]

向上が認められた*5(口絵 8)．一方で近縁種のマサバを用いた場合には pH 低下を抑制する効果が得られず，魚種による効果の違いも示唆されている*6．

これらの結果から，解凍前の温度条件とその期間の選択によって解凍時の生化学的変化の速度を制御することが可能であることが示された．これにより通常では得られない pH が高い解凍赤身魚肉が得られ，食感の向上が期待された．

---

*5 中澤奈穂，奥村海平，守谷圭介，前田俊道，佐藤正一，田村直司，福田 裕，岡﨑恵美子．温度制御による高鮮度冷凍ゴマサバ肉の pH 低下抑制効果および解凍肉の品質．日本水産学会春季大会講演要旨集 2016; 105.

*6 守谷圭介，中澤奈穂，大迫一史，岡﨑恵美子．温度シフト処理による冷凍マサバと冷凍メバチの生化学的代謝の変化の比較．日本水産学会春季大会講演要旨集 2016; 106.

2・6　まとめ

冷凍流通では，品質を維持，向上するための最適冷却条件が鮮魚流通の場合とは異なっている．また冷凍水産物の品質制御については，氷結晶の影響も含めて，未解明な部分が多数残されている．一方，漁獲から凍結までの温度条件を最適かつ精密に制御することで，ATPの分解と解糖の速度を制御し，ATP量とpHが高い冷凍魚肉を得ることができた．またATP量とpHが高い冷凍肉を，解凍前に一定温度で一定期間保管する処理によって，冷凍状態のままで生化学的変化を選択的に進行，停止させることが可能であり，解凍肉の品質を制御できる可能性が示唆された．今回紹介したいずれの研究例もまだ検討途上ではあるが，今後，「魚肉そのものの性質」および「冷凍温度の特性」を活用するという面からも，冷凍水産物の高品質化が図られることが期待される．

謝辞

研究の一部は復興庁・農林水産省「食料生産地域再生のための先端技術展開事業」の助成を受けたものである．

文　献

1）福島英登，前田俊道，福田　裕．漁獲および蓄養による生化学的変化と品質．「沿岸漁獲物の高品質化－短期蓄養と流通システム」（福田　裕，渡部終五編）恒星社厚生閣．2012；35-45.

2）緒方由美，進藤　譲，木村郁夫．ATPによる魚類筋原線維タンパク質の冷凍変性抑制．日水誌 2012；78：461-467.

3）井ノ原康太，濱田三喜夫，黒木信介，保聖子，尾上由季乃，木村郁夫．筋肉内ATPによる冷凍カンパチ血合肉の褐変抑制．日水誌 2014；80：965-972.

4）橋本昭彦，新井健一．各種魚類の筋原繊維Ca-ATPaseの変性速度に及ぼすpHと温度の影響．日水誌 1985；51：99-105.

5）福田　裕，柞木田善治，新井健一．マサバの鮮度が筋原繊維タンパク質の冷凍変性に及ぼす影響．日水誌 1984；50：845-852.

6）中澤奈穂・福田　裕：冷凍魚肉の品質評価指標とその測定法．冷凍 1012，50～56（2012）.

7）佐藤　久．第5章　調理冷凍食品，規格，基準，検査，管理．「新版・第6版冷凍空調便覧　Ⅳ巻食品・生物編」日本冷凍空調学会．2013；205-213.

8）Recommendations for the processing and handling of frozen foods 3rd EDITION（INTERNATIONAL INSTITUTE OF REFRIGERATION）．1986.

9）冷凍食品の製造と取扱についての勧告改定第3版（日本冷凍協会・加藤舜郎訳・解説），日本冷凍協会（1990）.

10）尾藤方通．冷凍マグロ肉の肉色保持に関する研究．東海水研報 1976；84：51-113.
11）福田 裕，新井 健一．凍結耐性にみられる魚肉タンパク質の種特異性．低温生物工学会誌 1994；40：35-38.
12）福田 裕，岡﨑惠美子．第 4 章食品素材の凍結保存，水産物．「新版・第 6 版冷凍空調便覧 Ⅳ巻食品・生物編」日本冷凍空調学会．2013；177-191.
13）小南友里，渡辺 学，鈴木 徹．魚類筋肉組織の死後変化が凍結時の氷結晶生成に及ぼす影響．日本冷凍空調学会論文集 2014；31（2）：1-10.
14）中澤奈穂，和田律子，田中竜介，岡野利之，福島英登，前田俊道，岡﨑惠美子，福田 裕．冷凍サバの品質に及ぼす影響要因の解明．日本冷凍空調学会論文集 2015；32（1）：29-38.
15）橋本加奈子，瀧口明秀．ゴマサバにおける鮮度および凍結温度が氷結晶に及ぼす影響．日本冷凍空調学会論文集 2015；32（1）：57-64.
16）鈴木 徹：第 1 章食品冷凍総論．「新版・第 6 版冷凍空調便覧 Ⅳ巻食品・生物編」日本冷凍空調学会．2013；1-17.
17）田中武夫．第 2 章 0℃以下のチルド流通への動き「水産学シリーズ 63 魚のスーパーチリング」（小嶋秩夫編）恒星社厚生閣 . 1986；23-38.
18）福田 裕．魚肉タンパク質の凍結変性．中央水研報 1996；8：77-92.
19）福田 裕，柞木田善治，新井健一．マサバの鮮度が筋原繊維タンパク質の冷凍変性に及ぼす影響．日水誌 1984；50：845-852.
20）半澤良一，福田 裕．マグロのロイン凍結法による品質の改善．冷凍 2006；81：204-207.
21）Niu LQ, Huynh TTH, JIA R, GAO YP, Nakazawa N, Osako K, Okazaki E. Effects of Emulsifing Fish Oil on the Water-Holding Capacity and Ice Crystal Formation of Heat-Induced Surimi Gel during Frozen Storage. *Food Sci*. 2016；37（20）：293-298.
22）岡﨑惠美子．魚の死後変化．「新版 食品冷凍技術」（新版 食品冷凍技術編集委員会編）社団法人日本冷凍空調学会．2009；67-72.
23）渡部終五．魚介類筋肉の特徴と鮮度保持の重要性．「水産利用化学の基礎」（渡部終五編）恒星社厚生閣．2010；3-5.
24）岩本宗昭．致死条件と貯蔵温度．「魚類の死後硬直」（山中英明編）恒星社厚生閣．1991；75-82.
25）Watabe S, Mohamed K, Hashimoto K. Postmortem Changes in ATP, Creatine Phosphate, and Lactate in Sardine Muscle. *J. Food Sci*. 1991; 56: 151-153.
26）潮 秀樹．死後硬直．「水産利用化学の基礎」（渡部終五編）恒星社厚生閣．2010; 22-26.
27）尾藤方通．魚介類．「冷凍食品ハンドブック」2 版（加藤舜郎，藤巻正生，田所吉忠 編）光琳書院．1976；75-84.
28）Love RM, Haraldsson SB. The expressible fluid of fish fillets. XI.—ice crystal formation and cell damage in cod muscle frozen before rigor mortis. *J. Sci. Food Agr*. 1961, 12, 442-449.
29）Nowlan SS, Dyer WJ. Glycolytic and Nucleotide Changes in the Critical Freezing Zone, − 0.8 to − 5C, in Prerigor Cod Muscle Frozen at Various Rates. *J.Fish.Res. Board,Can*. 1969; 26, 2621-2632.
30）Nowlan SS, Dyer WJ. Maximum Rate of Glycolysis and Breakdown of High –Energy Phosphorus Compounds in Prerigor Cod Muscle at Specific Freezing Temperatures Between −1 and −4C. *J.Fish.Res.Board. Can*. 1974; 31: 1173-1179.
31）尾藤方通． 魚類筋肉中の ATP の − 2℃付近での分解．東海区水産研究所研究報告 1962；32：149-153.
32）Burt JR. Changes in sugar phosphate and lactate concentration in trawled cod (Gadus

callarias）muscle during frozen storage. *J.Sci. Food. Agric*. 1971; 22: 536-539.

33）尾藤方通．カツオ肉の凍結貯蔵中における NAD，ATP 両レベルおよび pH 変化のドリップ量への影響．日水誌 1978；44：897-902.

34）尾藤方通．イワシ肉の凍結貯蔵中における NAD，ATP 分解と解凍肉の pH およびドリップ量．東海区水研報 1980；103：65-72.

35）Imamura S, Suzuki M, Okazaki E, Murata Y, Kimura M, Kimiya T, Hiraoka Y. Prevention of Thaw-rigor During Frozen Storage of Bigeye Tuna Thunnus obesus and Meat Quality Evaluation, *Fisheries Sci*. 2012; 78: 177-185.

36）山中英明．カツオ缶詰のオレンジミートに関する研究一 VI G6P ならびに F6P の蓄積原因．日水誌 1975；41：573-578.

37）中澤奈穂，福島英登，和田律子，福田　裕，岡﨑惠美子．冷凍メバチ肉の解凍前温度制御による pH 維持効果と解凍肉の品質．冷凍空調学会論文集 2016；33：197-204.

38）中澤奈穂，福田　裕．冷凍魚肉の品質評価指標とその測定法（1）．冷凍 2012；87：126-132.

Ⅱ．冷凍水産物の品質制御技術

4章　筋肉内ATPによるタンパク質の変性抑制

木村郁夫[*1]・緒方由美[*1]・井ノ原康太[*1,2]

日本の和食は世界文化遺産として登録され，和食レストランは世界中に広がっている．刺身や寿司は水産物の「生食」であり，日本の伝統的な水産物の生食文化が世界に受け入れられつつある．一方，魚肉に混入するアニサキスなどの寄生虫の問題があるので，EUやニューヨーク市などでは生食用水産物をレストランなどで提供する場合は冷凍処理が義務づけられている．そのため，冷凍・解凍処理をしても高品質な刺身として提供できる技術を確立することが水産業界から強く求められている．水産物を冷凍・解凍すると，物性の軟化，ドリップの発生，赤身肉や血合肉の褐変などを引き起こす．刺身などで生食する場合は添加物を使用することはできない．筆者らの研究室では魚肉中に含まれるアデノシン5' 三リン酸（ATP）に着目し，そのタンパク質変性抑制作用の研究を進めている．ATPの変性抑制作用に関する研究は，魚類ミオシンの熱変性抑制について報告されているが研究例は非常に少ない[1-3]．本章では，魚類筋原線維の冷凍変性，筋小胞体Ca-ATPaseの変性，ミオグロビンのメト化およびミオシンATPaseの尿素変性に対するATPの作用について研究成果を紹介する．

§1. 筋原線維，筋肉の冷凍変性に対するATPの作用

筋肉のモデル系として筋原線維（Mf）は，熱変性や冷凍変性速度の解析に使用されてきている[4,5]．筋肉中に含まれるMf以外の各種成分やpHの影響を排除し，一定の条件下でATPの作用効果を明らかにするためにはMfを筋肉タンパク質モデル系として使用する必要がある．一方，タンパク質濃度が高いMfは

*1 鹿児島大学水産学部大学院連合農学研究科
*2 現　日本水産株式会社中央研究所

表4・1　スケトウダラとグチ筋原線維タンパク質の冷凍変性速度に及ぼすATPと温度の影響

	$K_D \times 10^4$（／日）						
	スケトウダラ				グチ		
ATP (mM) / 保存温度	−15℃	−20℃	−30℃	−78℃	−15℃	−20℃	−30℃
0	3479	2429	311	123	969	533	140
0.75	2630	1300	154	123	774	419	115
2.25	1288	1146	136	101	531	282	91
3.75	791	472	95	79	406	180	61
7.50	456	299	55	42	57	27	14

アクトミオシン抽出率を指標にして，冷凍変性速度（K_D）を求めた．

0.1M KCl溶液中でATPを爆発的な速度で分解するので，生きている筋細胞と同様な濃度のATPを共存させた状態を維持してMfを凍結することは至難の技である．緒方らは[6]，ミオシンEDTA-ATPaseは低イオン強度でアクチンが存在すると低い活性を示すことから，Mf溶液に5 mM EDTAを添加しATPの酵素分解を抑制した状態をつくって冷凍試験を行った．種々の濃度(～7.5 mM)のATPを含むスケトウダラ，グチのMf溶液を−15～−78℃で凍結保存し，Mf Ca-ATPaseおよびAM抽出性を指標に冷凍変性速度を比較した．AM抽出性を指標に冷凍変性速度恒数K_Dを測定した結果を表4・1に示した．ATPを添加していないスケトウダラMfの−15℃におけるK_Dは3479×10^{-4}/日であるが，各濃度のATPを添加したMfのK_DはATP濃度依存的に小さくなり，7.5 mM ATP存在下で456×10^{-4}/日となった．7.5 mM ATP存在下で−15℃における安定性が約8倍となったことを示している．いずれの凍結保存温度においてもATP濃度に従ってK_Dの値は小さくなった．また，冷凍水産物の一般的な流通保蔵温度である−20℃のK_Dに注目し，それよりも低温の−30℃の値と比較すると，スケトウダラMfに7.5 mMのATPを存在させた−20℃のK_D値は−30℃のATP無添加のK_Dに近い値を示した．グチMfのK_Dのデータでも同様の結果が得られた．ATPが存在するような高鮮度魚肉を−20℃で凍結保存した場合，ATPの変性抑制効果は，死後硬直以降のATPがほぼ消失した鮮度である魚肉を−30℃の超低温で凍結保存した場合の魚肉タンパク質の安定化に匹敵することを示している．さらに，スケトウダラとグチのMfのK_Dを比較するとグチで小さな値を示した．

緒方らは，ATPによるMf冷凍変性抑制作用について肉そのもので検討するために，養殖ヒラメを用いた試験を行った*3．養殖ヒラメでは粘液胞子虫のクドア感染魚で食中毒事例があり，寄生虫感染の可能性がある魚の刺身利用の場合，一旦冷凍処理するか75℃加熱処理をすることが推奨されているが，それらにより刺身品質が低下することが指摘されていたためである[7]．筋肉中のATPによる冷凍変性抑制が凍結解凍後の刺身品質にどの程度影響するかを検討するため，即殺直後と5℃で1日保持した肉それぞれを急速凍結し，その後−25℃で20日間保存した冷凍肉を解凍し試験に供した．冷凍肉中のATP濃度は，即殺直後で約5 mM，1日後に凍結した肉で0.1 mMであった．緩慢解凍した解凍肉のMf Ca-ATPase活性とMfタンパク質の塩溶解性の測定および官能評価を行った．即殺直後に凍結し冷凍貯蔵後解凍した肉のMf Ca-ATPase活性は，即殺直後の冷凍していない肉のMf Ca-ATPase活性に比べると低いが，1日冷蔵保存した肉のMf Ca-ATPase活性値と差がない結果を示した．この傾向はMfタンパク質の塩溶解性の測定および官能評価でも同様の結果が得られた．ヒラメでは，活きしめ直後の肉ではイノシン酸の生成量が低いことから冷蔵で1日ほど保持した後食されるのが一般的であり，高濃度ATPを含むヒラメ肉を冷凍解凍したものの肉質と味は高品質な刺身として評価できることが認められた.以上の結果は，ヒラメ筋肉の冷凍変性がATP存在下で抑制されることを示し，養殖ヒラメを冷凍保存処理しても高品質刺身として提供できる製造技術として活用が期待される．このようなATPの魚肉冷凍変性抑制効果による高品質冷凍刺身製造の可能性については，鹿児島県島嶼海域で漁獲されるキハダ(シビ)[8]や養殖ブリ類でも確認されている[9](口絵7).

§2. 筋小胞体Ca-ATPaseの変性に対するATPの作用

筋小胞体（SR)は筋収縮の引き金となるCaイオンの濃度コントロールを行う重要な器官であり，Ca-ATPaseを有している．致死後のATP濃度低下により引き起こされる死後硬直や解凍硬直などもSRのCaイオン濃度コントロール能と強い関係がある．Yuan *et al.*[10]はミナミマグロSRを使用し，SR Ca-

*3 緒方由美，小池博希，袁春紅，木村郁夫．ヒラメの高品質冷凍刺身製法について．平成26年度日本水産学会秋季大会要旨，p89.

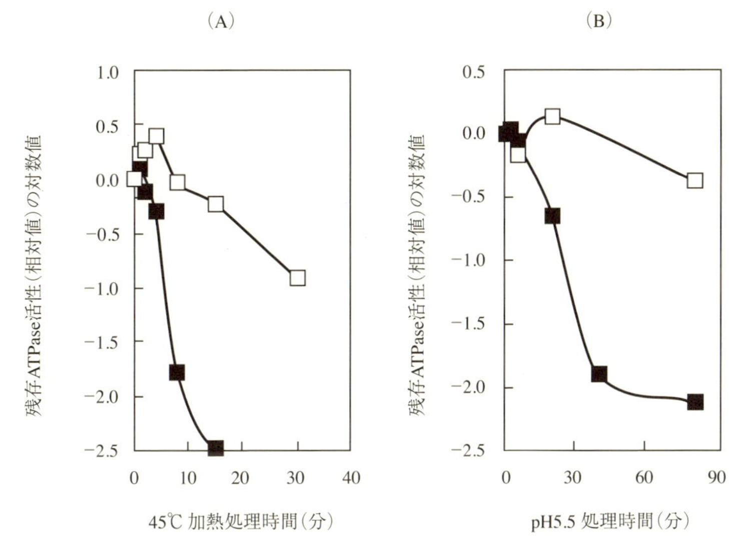

図4･1　筋小胞体Ca-ATPaseの熱変性および酸変性に及ぼすATPの保護作用
ミナミマグロSRの熱処理は45℃，酸性pH処理は5.5で行った．■:ATPなし，□：2 mM ATP

ATPaseの45℃熱変性とpH 5.5における酸変性および−18℃冷凍変性におけるATPの変性抑制作用について測定した．結果を図4・1に示したが，ATP（2 mM)はSR Ca-ATPaseの45℃における熱変性やpH 5.5における酸変性を強力に抑制することが明らかとなった．また，冷凍変性抑制剤として知られているソルビトール，蔗糖，グルタミン酸Na(各0.1 M濃度)と，ATP(2 mM)の冷凍変性抑制効果について比較した結果，2 mM ATPは，0.1 Mの各種冷凍変性抑制剤と同等のSR Ca-ATPase活性の冷凍変性抑制効果を示すことが明らかとなった．

§3. ミオグロビンの自動酸化に対するATPの作用

魚肉の赤い色調は重要な品質要因である．ミオグロビン(Mb)は筋肉組織中の酸素貯蔵タンパク質であり，酸素と結合したoxyMbは鮮赤色を，酸素を遊離しヘム鉄がFe^{3+}に酸化されたmetMbは褐色を示す．Mb中のmetMb比率をメト化率と呼び，品質指標として使われている(詳細9章参照)．生きている生体内

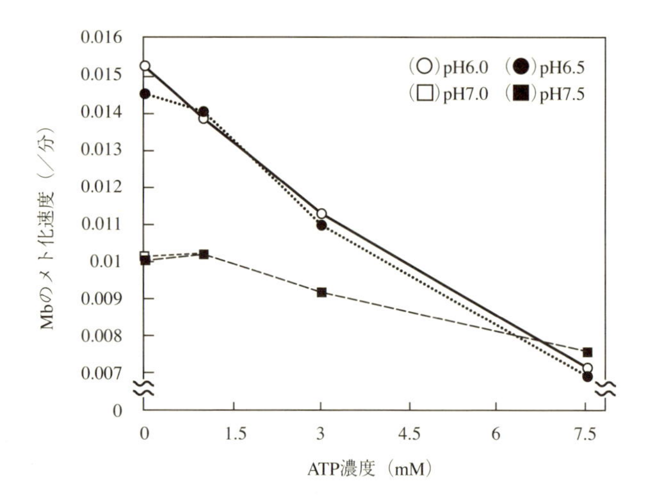

図4·2　Mbのメト化速度に及ぼすATPの影響
ミナミマグロMbを各濃度のATP存在下25℃で熱処理し，メト化速度を求めた．○：pH 6.0，●：pH 6.5，□：pH 7.0，■：pH 7.5

においては組織中の酸素分圧を感知して酸素を遊離しmetMbを形成するが，その後還元されてdeoxyMbとなり酸素結合能を回復する．しかしながら死後の筋肉では，鮮度低下や－20℃のような冷凍貯蔵中にメト化は進行する．むき出し状態のヘム鉄ではメト化は秒単位で進行する[11]ことから，死後筋肉のメト化進行には組織中の酸素濃度低下と併せてMb分子の変性損傷の影響が想定される．Inohara *et al.*[12]は，ミナミマグロMbを使用してpH 6.0～7.5の条件下，ATPを0～7.5 mM存在させて25℃におけるメト化率の進行を測定した．結果を図4·2に示した．メト化速度はpHの影響を受け，ATPがない状態では酸性pH下で速くなり中性域で遅くなるが，ATPが存在すると酸性pH下におけるメト化速度はATP濃度に対応して遅くなり，ATP濃度7.5 mMではpHの影響は見られない結果となった．すなわちATP存在下で酸性pH下におけるメト化の進行は抑制されることが示された．この結果はATPが酸性pH下におけるMb分子の損傷を抑制していることを示唆する．ATPのMb分子に対する作用をMbの自家蛍光，溶液中の分子サイズ，表面電荷などを指標に測定した．Mbの自家蛍光はATP濃度に従いクエンチングする結果を示した．また，動的光散乱法で測定した見かけの分子量は，ATP非存在で15.5 kDa，5 mM ATP存在下で11.3 kDa

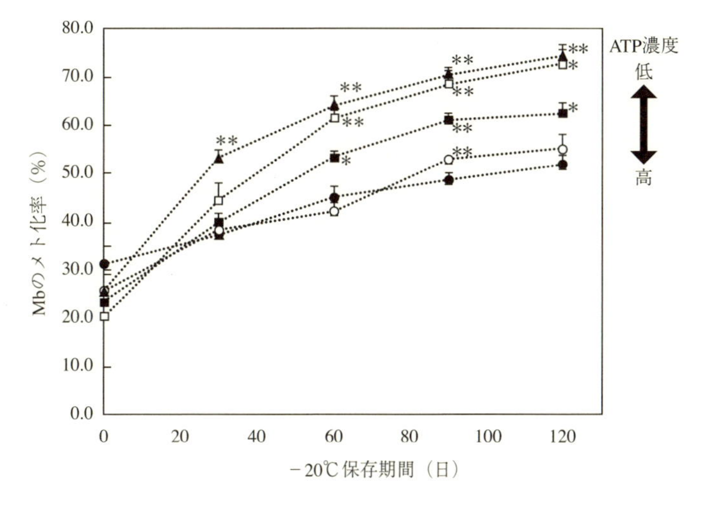

図4·3　-20℃貯蔵時のカンパチ血合肉Mbメト化率経時変化に及ぼす魚肉中のATP濃度の影響
活きしめ後の冷却海水中での保持時間　●：1h，○：2h，■：3h，□：5h，▲：7h.

であった．また，Mbの表面電荷もATP存在下で変化した．以上の結果は，ATP存在下でMb分子は状態変化して収縮した状態になることを示唆している．

Mbに対するATPの作用について実際の冷凍魚肉で確かめるために，井ノ原らは冷凍貯蔵中に進行する血合肉のメト化に対して魚肉中に含まれるATPの影響を測定した[13]．特に，ブリ類の冷凍フィレの輸出では−20℃で流通貯蔵しているが，貯蔵1ヶ月程度でメト化することが問題となっている．そこで，カンパチ冷凍フィレについて試験を行った．魚肉中のATP濃度の調整は，活きしめ後に冷却海水中に浸漬して行う脱血と魚体冷却の時間により行った．一定時間冷却後，フィレを−50℃で急速凍結し，その後−20℃で4ヶ月間保存しメト化の進行を測定した．結果を図4・3に示した．ATP濃度が低いフィレでは−20℃1ヶ月でメト化率は50％を超えるのに対して，ATP濃度の高いフィレでは4ヶ月後でもメト化率50％以下を示し，ATPによるカンパチ冷凍血合肉のメト化抑制効果が明らかとなった．魚肉中のATPによる冷凍貯蔵時における血合肉のメト化抑制については，ブリフィレについても同様の結果が得られている[9]（口絵7）.

§4. ミオシンATPaseの尿素変性に対するATPの作用

板鰓類のサメ肉には高濃度(0.3～0.5 M)の尿素が含まれている．尿素は，魚類アクトミオシンCa-ATPaseを指標にした研究でタンパク質変性を促進することが報告されている[14]．サメ肉タンパク質の尿素抵抗性については，サメミオシンのアクチン活性化Mg-ATPaseを指標にした研究やミオシン構造の尿素抵抗性に関する報告がある[15,16]．緒方と木村はアカシュモクザメのミオシンCa-ATPaseを指標に，尿素変性に対するATPの作用について検討を行った*4．1M尿素の存在下0～2 mM ATPを添加し，10℃におけるCa-ATPase活性の経時変化を測定した．ATPを添加した系では，初期の遅い変性とその後の速い変性の2段階の反応様式となる．これは処理中にATPが分解し，ATP濃度が低下するためである．10℃におけるサメミオシンの変性速度は30×10^{-5}/minであるが，尿素が存在すると145×10^{-5}/minとなり約5倍不安定となった．尿素とATPを共存させた場合は，2 mM ATPで初期変性速度は3×10^{-5}/min，後期変性速度106×10^{-5}/minを示した．体内濃度のATPは，サメミオシンの生体内における尿素変性と熱変性を抑制することが明らかとなった．ATPがミオシンATPaseの尿素変性を抑制することを明らかにしたのは本研究が初めてである．

§5. まとめ

生体内エネルギー物質のATPはMfやSR Ca-ATPaseの冷凍変性を抑制すること,また，MbはATPが存在すると分子状態が変化してメト化の進行が抑制されることなどが明らかとなった．さらに,ATPはミオシンATPaseの尿素変性も抑制することが確認された。ATPは冷凍すり身で使われている冷凍変性防止剤の糖類と同じような効果を有することが明らかである．ATP存在下での−20℃冷凍保存は，−30℃などで保存した場合と匹敵する効果が得られた．ATPによる変性抑制効果は，超低温の冷凍条件を準備したことと同じであるといえる．

以上に得られた結果は，高品質冷凍水産物を製造し流通させるために，冷凍に関する考え方を大きく変える必要があることを示している．ATPの変性抑制機能を利用するために，高濃度ATP存在下で冷凍する鮮度管理と加工管理を確

---

*4 緒方由美，木村郁夫．ATPによるアカシュモクザメミオシンの尿素変性
平成28年度日本水産学会春季大会要旨集　p102.

立することが今後の重要な技術課題である．さらに，冷凍･解凍をした魚肉では，血合肉や赤身肉の色調変化速度が未凍結品と比べて速いことが確認されている．冷凍解凍品の色調変化を抑制するための技術は，冷凍解凍品の刺身事業化を促進するために重要なので現在研究を進めている．

謝辞

研究の一部は「攻めの農林水産業の実現に向けた革新的技術緊急展開事業（うち産学の英知を結集した革新的な技術体系の確立)」，「科研費(22580225)」，「生研支援センターの革新的技術開発・緊急展開事業(うち地域戦略プロジェクト)」の助成を受けたものである．

文　献

1） 吉岡武也，新井健一．ミオシンCa-ATPaseの熱変性におよぼすATPの保護効果．日水誌 1986；52：1829-1836.

2） 吉岡武也，浜井昌志，今野久仁彦，新井健一．ATPによる魚類ミオシンの熱変性抑制の再検討．日水誌 1991；57：143-147.

3） Mackie MI. The effect of adenosine triphosphate, inorganic pyrophosphate and inorganic tripolyphosphate on the stability of cod myosin. *Biocim. Biochim. Biophys. Acta.* 1966；115：160-172.

4） 橋本昭彦，小林章良，新井健一．魚類筋原繊維Ca-ATPase活性の温度安定性と環境適応．日水誌 1982；48：671-684.

5） 松本行司，大泉　徹，新井健一．コイ筋原繊維たんぱく質の冷凍変性及ぼす糖の保護効果．日水誌 1985；51：833-839.

6） 緒方由美，進藤　穣，木村郁夫．ATPによる魚類筋原繊維タンパク質の冷凍変性抑制．日水誌 2012；78：461-467.

7） 養殖ヒラメに寄生した*Kudoa septempunctata*による食中毒の防止対策．農林水産省消費・安全局　畜水産安全管理課．2016；1-3

8） 木村郁夫，袁　春紅．島嶼圏水産物を世界に届けよう．「鹿児島の食環境と健康食材」（鮫島奈々美，叶内宏明，塩崎一弘，吉崎由美子編）南方新社．2016；123-137.

9） 「攻めの農林水産業の実現に向けた革新的技術緊急展開事業（うち産学の英知を結集した革新的な技術体系の確立)」養殖ブリ類のストレスレス水揚げシステムと大型魚全自動魚体フィレ処理機の開発研究成果報告書．代表機関　鹿児島大学．2016.

10） Yuan C, Takeda Y, Nishida W, Kimura I. Suppressive effect of ATP on the denaturation of sarcoplasmic reiculum (Ca)-ATPase from southern bluefin tuna and its biochemical properties. *Fish. Sci.* 2016；82：147-153.

11） Sugawara Y, Matsuoka A, Kaino A, Shikama K. Role of globin moiety in the autoxidation reaction of oxymyoglobin: effect of 8 M urea. *Biophys*. J. 1995；69：583-592.

12） Inohara K, Kimura I, Yuan C. Suppressive effect of ATP on autoxidation of tuna oxymyoglobin to metmyoglobin. *Fish. Sci.* 2013；79：503-511.

13） 井ノ原康太，黒木信介，尾上由季乃，濱田三喜夫，保　聖子，木村郁夫．筋肉内

ATP による冷凍カンパチ血合肉の褐変抑制. 日水誌 2014；80：965-972.

14) Arai K, Hasnain A, Takano Y. Species specificity of muscle proteins of fishes against thermal and urea denaturation. *Bull.Japan. Soc. Sci. Fish*. 1976；42：687-695.

15) Kanoh S, Niwa E, Osaka Y, Watabe S. Effects of urea on actin-activated Mg^{2+}-ATPase of requiem shark myosin. *Comp. Biochem. Physiol.* 1999；122B：333-338.

16) Kanoh S, Taniguchi J, Yamada T, Niwa E. Effects of urea on surface hydrophobicity of requiem shark myosin. *Fish. Sci.* 2000；66：801-803.

5章　冷凍貯蔵下のホルムアルデヒド生成制御の効果

福島英登*

魚肉タンパク質は畜肉に比べ不安定であり，冷凍技術により品質を保持する必要があるが，その方法は魚種や形状・形態により大きく異なる．また冷凍貯蔵中に，強力なタンパク質変性を起こすホルムアルデヒド(formaldehyde：以下FAと表記する)を生成するものもあり，こうした種についてはFAの生成抑制も重要となる．FA(分子式：HCHO)は最も簡単な構造をもつアルデヒドで有毒物質である．新築建造物で問題となるシックハウス症候群の原因物質の一つとして知られている．食品においては，しいたけやタラ類などの数種魚介類から数μmol/gの濃度で検出されるが，この程度であれば人の健康に害を及ぼさないとされている．問題となるのは，少量であってもタンパク質が凝固・変性し，品質劣化を引き起こすことである．例えば棒鱈にみられるタラ肉のスポンジ化は，冷凍やFAによるタンパク質の変性に起因するものである．また，魚肉すり身に対してFAを数μmol/g添加した実験では加熱ゲル形成能が半分以下に低下した報告[1]からも，FAは強烈なタンパク質変性剤であることがうかがえる．本章では，FAが生成するため長期貯蔵や冷凍すり身化が困難であるエソ類を対象に，冷凍貯蔵温度や各種処理により貯蔵耐性を付与できるかの検討結果を紹介する．

§1. 魚類のホルムアルデヒド生成機構

FAは魚肉や血液中に含まれるトリメチルアミン-*N*-オキシド(TMAO)（分子式：$(CH_3)_3NO$)から生成される．TMAOは水生生物の浸透圧調節に用いられる適合溶質で，淡水魚にはほとんど存在しない．海水魚ではサメやエイなどの軟骨魚類や，エソ類やタラ類がTMAOを多量に含む[2,3]（図5・1)．食品化学的な役割としては弱い甘味を呈し，エビ，タコおよびイカなどの呈味有効成分であることが知られている．

TMAOの分解反応の概略を図5・2に示す．本物質の分解反応は，貯蔵温度

* 日本大学生物資源科学部

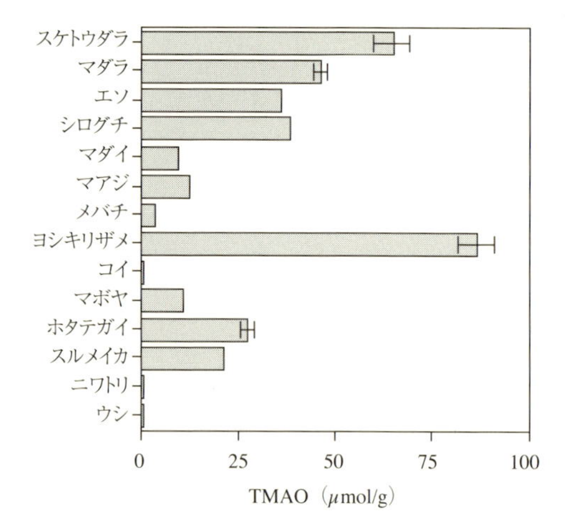

図 5·1 数種生物の筋肉中の TMAO 含量(文献[3]より引用)

に大きく依存する．魚類の死後，血合肉中や微生物が生育しやすい室温下ではTMAO 還元酵素が作用してトリメチルアミン(TMA)[分子式：$(CH_3)_3N$] が生成される[4]．TMA は魚臭成分の一つである．一方，氷点下ではTMAO を脱メチル化するTMAOase によりジメチルアミン(DMA)と FA が等モル量生成される[5]．魚類の FA 生成機構については，スケトウダラで最も研究が進んでいることから，本種の FA 生成機構についてみていきたい．まずFA 生成には，鉄イオンの酸化還元状態が大きく関係する．すなわち，鉄イオンが酸化状態(Fe^{3+})よりも還元状態(Fe^{2+})で FA は生成されやすい．魚体は死後，酸素が供給されない嫌気的条件になることから，還元状態になりやすい．還元状態で生じる Fe^{2+} にアスポリン(aspolin)と呼ばれるタンパク質が結合して，酵素類似作用(TMAOase)により FA が生成すると考えられている[6]．なおアスポリンはTakeuchi らによってその一次構造が明らかにされた[7]．本タンパク質はほとんどがアスパラギン酸で構成されており，その特異な構造から生体内での機能も興味がもたれている．またスケトウダラ筋肉の冷凍貯蔵時のFA 生成については，−10℃貯蔵で−5 および−20℃よりも多く生成されること[5]，生成抑制には Fe^{2+} の除去やスクロースの添加が効果的であること[8]が報告されている．

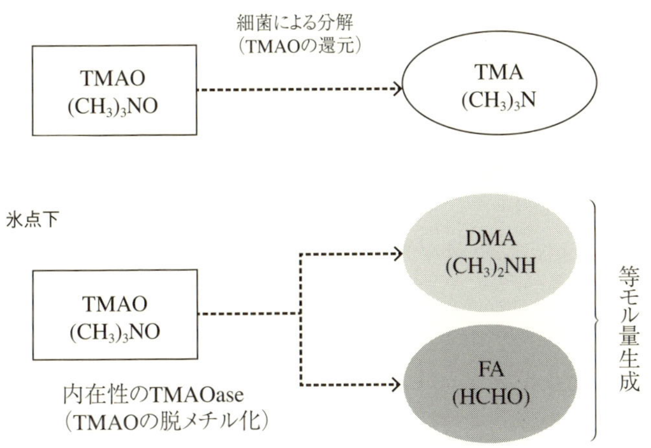

図5･2　温度依存的なTMAO分解反応の概要

§2.　エソ類の冷凍すり身の問題点

主に西日本で漁獲されるエソ類は小骨が多く刺身や切り身としての需要は僅かであるものの，新鮮なエソは白色の肉色や優れた味，加熱ゲル形成能を有することから，スケトウダラと同様にすり身としての需要が高い．一方，鮮度の落ちたものや冷凍貯蔵したエソ類魚肉から製造されたかまぼこの加熱ゲル形成能は著しく低下する[1,9]．エソ類の冷凍すり身は国内，国外問わず製造されているが，加熱ゲル形成能が低いため，高級カマボコの原料としては不向きであり，多くの場合増量肉として用いられているのが現状である．上記のように研究が進んでいるタラ類に比べ，エソ類のすり身については未だ不明な点が多くある．ただし，エソ類においても冷凍貯蔵中に生成するFAがゲル形成能を低下させること[1]から，スケトウダラと同様な機構でFAが生成していると考えられる．

スケトウダラ冷凍すり身は，−25℃以下の冷凍温度で長期間安定に品質を保持することが可能であり，現在最も広く流通･販売されている冷凍すり身である．一方，高級品の原料となるエソすり身は，高鮮度のものを極めて簡単な水晒しして「生すり身」とする．これを凍らない4℃程度で冷蔵貯蔵し，逐次利用する．こうした「生すり身」の利用期間は製造後の数日に限られる．そのため，かまぼこの生産が集中する冬季はエソの価格が高騰するのに対し，需要の少ない夏場は非常に安価になり，漁業者，練り製品産業の両者にとって問題となっている．周年通したエソ肉の利用や流通販売のため，品質の安定したエソ冷凍すり身の製造技術が必要とされている．そこで，冷凍条件下でエソ肉のFAの生成を抑制する条件を調べるとともに[10]，すり身としての利用を想定し，水晒し工程がFA生成に及ぼす影響について検討した[11]．

§3. 冷蔵および冷凍貯蔵中のTMAO関連物質の変化

新鮮なエソ（ワニエソ *Saurida wanieso*）からミンチ肉を調製し，15，4，−20および−50℃で貯蔵したときのTMAO関連物質の変化を調べた（図5・3）．貯蔵開始日のTMAO量は34 μmol/gであり，TMAおよびFAは検出限界以下であった．これを15℃で貯蔵した場合，貯蔵開始後からTMAOが減少し，それに伴いTMAが約40 μmol/gと著しく増加した（図5・3A）．貯蔵4日後にはTMAOはほぼ消失したが，FAはほとんど生成しなかった．4℃貯蔵では

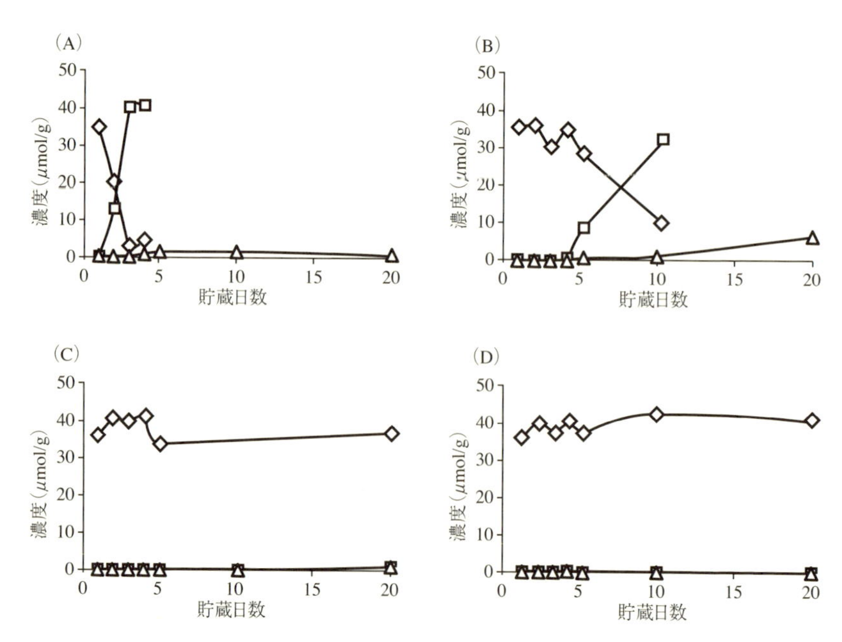

図5·3　エソミンチ肉貯蔵中のTMAO関連物質の変化
（A）：15℃貯蔵，（B）：4℃貯蔵，（C）：−20℃貯蔵，（D）：−50℃貯蔵．◇：TMAO，□：TMA，△：FA

TMAO が減少するにつれて，TMA は増加し貯蔵 10 日後には約 30 μmol/g となった（図 5・3 B）．一方，FA も貯蔵 5 ～ 10 日後から増加し，貯蔵 20 日後には 6.9 μmol/g に増加した．図示しないが，遊離 FA は貯蔵 20 日後では約 0.1 μmol/g と僅かに検出される程度であったことから，ほとんどがタンパク質と結合した状態と推定された．すなわち，エソ肉を 4℃で貯蔵した場合，TMAO の変化は 15℃より若干緩慢であり，大半は TMA に変化するが，一部は FA に変化することが明らかとなった．

一方，冷凍温度である−20℃で貯蔵したときは TMAO および TMA は 20 日間貯蔵を行っても明確な変化は認められなかった（図 5・3 C）．FA は貯蔵 20 日後に 0.67 μmol/g と僅かに増加した．すなわち，−20℃貯蔵では，TMAO は TMA に変化せず，少量ではあるが FA に変化した．また−50℃で冷凍貯蔵したときは 20 日貯蔵後でも TMAO はほとんど変化せず，TMA および FA は全く生成しなかった（図 5・3 D）．−50℃貯蔵では TMAO は非常に安定な状態で存在し，FA に変化しないと考えられる．−50℃で 1 ヶ月貯蔵したエソは良質なかまぼこを作ると報告されていることから [12]，−50℃では FA の生成は抑制されているものと考えられた．

エソ肉を 15 および−50℃で貯蔵した際には FA は生成されないが，4℃貯蔵で相当量が，−20℃貯蔵で僅かに FA が検出された．−20℃貯蔵で生成された FA 量でも魚肉の加熱ゲル形成能を阻害するのに十分な量であり [1, 13]，品質を安定的に保持する温度ではなかった．

§4. 冷凍貯蔵中のホルムアルデヒドの変化

−20℃と−50℃貯蔵では FA の生成に相違があり，−50℃という極めて低温下で生成は抑制できることが判明した．しかし，一般的に使用される冷凍庫に近い温度下で FA 生成を抑制できるかは不明である．そこで新たにエソ肉を−10，−20，−25，−35 および−50℃で貯蔵し FA 生成の貯蔵温度依存性を検討した（図 5・4）．ここで用いたエソ肉は，貯蔵開始日で TMAO 量は約 30 μmol/g，TMA は検出されず，FA 量は若干量(約 2.0 μmol/g)検出され，先の貯蔵実験に用いた魚体よりも僅かに鮮度が低下していた．−10℃貯蔵では FA は貯蔵日数の経過とともに増加し，貯蔵 40 日後には約 10 μmol/g まで増加した．

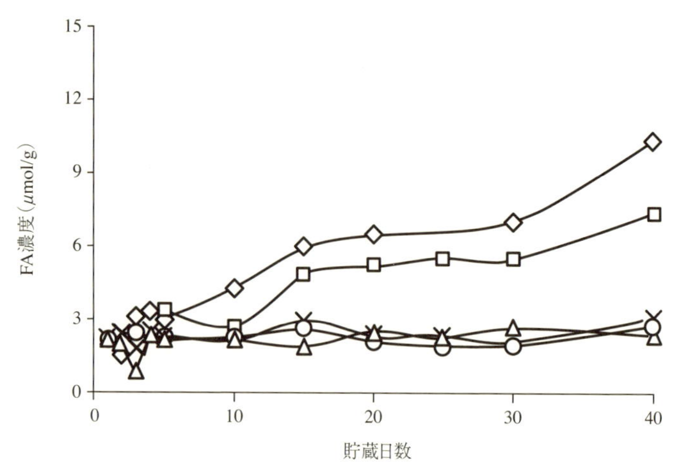

図 5·4　エソミンチ肉貯蔵中の FA の変化
◇：－10℃貯蔵，■：－20℃，▲：－25℃，●：－35℃，×：－50℃

遊離 FA は貯蔵 40 日後に約 1 μmol/g が検出され，生成した FA の 90％近くがタンパク質と結合していると考えられた．－20℃貯蔵では貯蔵 40 日後には 7.5 μmol/g と－10℃貯蔵と比較すると若干少ないものの十分量の FA 生成が確認された．遊離の FA は貯蔵 40 日後には約 0.67 μmol/g 検出され，－10℃と同様に生成した FA の 90％近くがタンパク質と結合したと考えられた．このように，－20℃貯蔵の FA 生成は－10℃に比べ僅かに緩慢であったがよく類似していた．一方，－25℃貯蔵では FA は貯蔵 40 日後でも貯蔵開始時とほとんど変わらなかった．－25℃貯蔵は－20℃よりわずか 5℃低いだけであるが，FA の生成に相違があることがわかった．－35 および－50℃貯蔵では FA の変化は－25℃貯蔵と同様の傾向を示し，FA は貯蔵 40 日後で両温度ともに 2.3 μmol/g であった．以上の結果，エソ肉の冷凍貯蔵中の FA 生成は－20℃と－25℃で大きく異なり，少なくとも－25℃より低い温度で凍結貯蔵すれば，FA の生成はほぼ抑制できることが示された．

§5. 水晒しによる FA 関連化合物の除去

TMAO 関連物質は水溶性であり，すり身製造工程にある水晒し工程でこれらの物質を除外できれば長期貯蔵が可能になると想定される．ただし，エソはた

表5・1　水晒し前後のエソ肉のTMAO, TMA およびFA 量の変化

		TMAO (μmol/g)	TMA (μmol/g)	FA* (μmol/g)
K 値 14%	無晒し肉	26	0.54	1.3
	2回晒し肉	0.8	0.15	0.12*
K 値 29%	無晒し肉	20	1.5	4.4
	2回晒し肉	0.8	0.2	0.5*

＊ FA 量は DMA の量から推定された量
実際には，大部分の FA がタンパク質に結合していると考えられる．

とえ氷上で貯蔵しても，図5・3で示したようにFA が生成してしまう．実際の製造現場では市場で購入できる様々な鮮度の原料を用いることから，初期のFA量に差がある鮮度の異なるエソを用いて水晒しの効果を検討した．エソは漁獲後2日後のものとその後3日間冷蔵保存したものを用いた．それぞれすり身調製時のK値は14%(漁獲2日後)とK値29%(漁獲約5日後)であった．これらエソ肉を水晒しした際のFA関連化合物の含有量を表5・1に示す．水晒し前では，K値14%のエソ肉のFA関連化合物はTMAOが26 μmol/g，TMAが0.54 μmol/g，FAは1.3 μmol/gであり，K値29%のそれはTMAOが20 μmol/g，TMAが1.2 μmol/g，FAが4.4 μmol/gであった．3日間の氷上保存中にTMAOは減少し，TMAおよびFAが生成することが確認された．FA量は，K値14%と比較的鮮度のよいエソ肉に比べ，K値29%の鮮度が低下した肉では約4倍量生成していた．次に，肉量の10倍量の水を用いて水晒しを2回行い，FA関連化合物がどのように変化したのかを調べた．TMAOは，K値14%のエソ肉では26 μmol/gから0.8 μmol/gと初期量の3%に，K値29%のエソ肉では20 μmol/gから0.8 μmol/gと4%にそれぞれ減少した．水晒しにより96～97%のTMAOは除去されたことから，水晒しによるTMAOの除去効果は明確であった．表中の水晒し後のFA量はDMA量から推定したが，水溶性であるDMAは水晒しで除去された可能性が高く，あくまで推定量である．実際には，水晒し前に生成したFAはタンパク質と結合して大部分が残存したと思われる．

§6. 水晒ししたエソすり身の加熱ゲル形成

上記で調製したエソ無晒し肉(水晒し前のミンチ肉)および水晒しすり身を

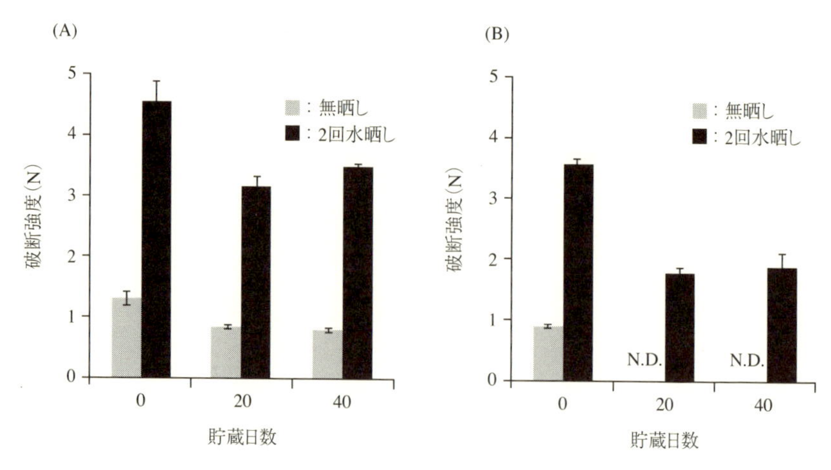

図 5･5　－20℃貯蔵中の加熱ゲル物性の変化
（A）：高鮮度（K 値 14％），（B）：低鮮度（K 値 29％）．□：無晒し，■：2 回水晒し

－20 および－50℃で貯蔵し，貯蔵 0，20 および 40 日後に加熱ゲルを調製し，その破断強度を比較した（図 5・5 および 5・6）．加熱ゲルの物性は，原料の鮮度と凍結貯蔵温度の影響が明確に現れた．K 値 14％のエソ肉から製造した水晒しすり身の貯蔵開始日（凍結前）の破断強度は 4.5 N であり，－20℃貯蔵では貯蔵 40 日後でも 3.5 N と，鮮度が低下したものと比べると加熱ゲル形成能が維持された（図 5・5 A）．無晒し肉も同様に，貯蔵日数に伴って破断強度は低下するものの，低鮮度のものと比較すると低下は穏やかであった．一方，低鮮度の－20℃貯蔵では，水晒しすり身の貯蔵開始日の破断強度は 3.6 N であったが，貯蔵 40 日で 1.8 N と約半分に低下した（図 5・5 B）．無晒し肉ではこの傾向がより顕著になり，貯蔵 20 日からは塩を添加して攪拌しても肉糊にならず，加熱ゲルを形成しなかった．この現象は，エソ肉を－10 ～ 20℃で貯蔵すると数日で塩に対して不溶化する報告[14]と一致した．

－50℃貯蔵の高鮮度肉では，無晒し，水晒し肉に関わらず，貯蔵開始日のゲル形成能を維持した（図 5・6A）．一方，低鮮度のエソ肉では，両者ともにゲル形成能が低下した（図 5・6 B）．とくに－50℃貯蔵においても加熱ゲル物性が低下したことは重要である．すり身調製時に FA が生成していれば水晒しでの除去は困難であり，例え貯蔵中に新たに FA が生成しなくても，残存した FA によりタ

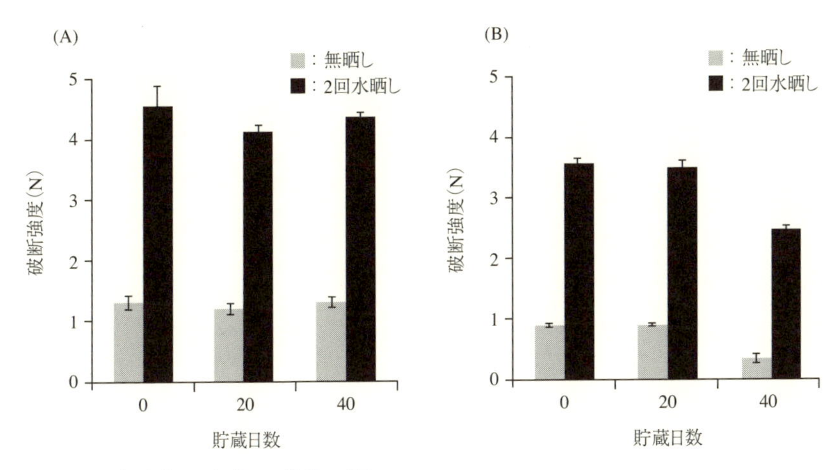

図5･6　−50℃貯蔵中の加熱ゲル物性の変化
(A)：高鮮度（K値14％），(B)：低鮮度（K値29％）．□：無晒し，■：2回水晒し

ンパク質が変性することが示唆された．したがって長期間貯蔵のためには，FAの生成していない高鮮度の原料が必要であると考えられる．

本章では，冷凍貯蔵中における魚類のFA生成とその抑制について検討した．魚体の状態で貯蔵する場合は，FA生成が還元条件下で起こり易いことから，酸素分圧を上げる酸素ガス置換包装などが種々の魚種（スケトウダラ[15]，エソ[16]，サンマ[17]）で効果的とされている．だが，脂質など各種成分の酸化リスクや包装コストを考慮すると，価値の高い刺身用フィレーなどの形態でないと導入は難しいかもしれない．スケトウダラやエソの様にすり身原料となる魚種については，製造工程を工夫することである程度の貯蔵耐性を付与することが可能だと考えられる．現在製造されているスケトウダラの洋上すり身は漁獲直後の高鮮度原料を用いて複数回の水晒しを行っており，FA抑制には適した方法だといえる．一方，エソ肉の冷凍すり身としての利用を考えると，鮮度管理を含め，原料の取り扱いが十分であるとはいえない．原料にはFAがほとんど生成されていない高鮮度の魚体を使用することが極めて重要で，鮮度が低下してFAが多量に生成している魚体は不適であるといえる．さらには水晒しを十分に行い，FAの前駆物質で水溶性のTMAOの状態で除去することが必要である．現在の簡便なエソすり身の水晒し工程を改善し，加えて貯蔵温度を－25℃以下にすることで，加熱ゲル形成能を保持した冷凍すり身の製造ならびに長期保管が可能であると考えられる．

謝　辞

本研究にご協力いただきました彦島シーレディース廣田郁江様，末永水産株式会社の他，関係者の皆様方に対しまして厚く御礼申し上げます．

文　献

1) 平岡芳信，管　忠明，黒野美夏，平野千恵，松原　洋，橋本　照，岡　弘康，関　伸夫．トカゲエソの貯蔵中に生成するホルムアルデヒドがかまぼこの品質に及ぼす影響．日水誌 2003；69：796-804.

2) Dyer W. Amines in fish muscle. VI. Trimethylamine oxide content of fish and marine ivertebrate. *J. Fish. Res. Board Can.* 1952；8：314-324.

3) Kimura M, Seki N, Takeuchi K, Kimura I. The existence of aspolin and its trimethylamine-N-oxide demethylating activity in the muscle of freshwater fish. *Fish. Sci.* 2005；71：904-913.

4) 天野慶之，山田金次郎．タラ類筋肉中のホルムアルデヒド形成について．日水誌 1964；30：430-435.

5) 徳永俊夫．冷凍スケトウダラの品質におよぼすトリメチルアミンオキシド分解物の影響．日水誌 1974；40：167-174.

6) 木村メイコ，関 伸夫，木村郁夫．0℃以下の温度におけるトリメチルアミン -*N*- オキシドの酵素的および非酵素的分解．日水誌 2002；68：85-91.

7) Takeuchi K, Hatanaka A, Kimura M, Seki N, Kimura I, Yamada S, Yamashita S. Aspolin, a novel extremely aspartic acid-rich protein in fish muscle, promotes iron-mediated demethylation of trimethylamine-*N*-oxide. *J. Biol. Chem.* 2003；278：47416-47422.

8) Mizuguchi T, Kumazawa K. Effect of surimi processing on dimethylamine formation in fish meat during frozen storage. *Fish. Sci.* 2011；77：271-277.

9) 岡　弘康．エソの種類別ゲル形成能．水産ねり製品技術研究会誌 1984；10：9-14.

10) 福島英登，黒川清也，石上　翔，桑田智世，山内春菜，福田　裕．エソ肉のホルムアルデヒド生成に及ぼす貯蔵温度に関する研究．水産大学校研究報告書 2012;60(4)：197-202.

11) 福島英登，黒川清也，石上　翔，桑田智世，山内春菜，福田　裕．水晒しがエソ肉冷凍すり身の品質に及ぼす影響について．水産大学校研究報告書 2013；61 (4)：220-225.

12) 田端義明，野崎征宜，金津良一．凍結貯蔵したホンワニエソから試製したかまぼこの品質．長崎大学水産学部研究報告 1975；39：7-11.

13) Sikorski Z, Kostuch S. Trimethylamine-N-oxide demethylase: Its occurrence, properties, and role in technological change in frozen fish. *Food Chem.* 1982；9：213-222.

14) Yasui A, Lim YP. Changes in chemical and physical properties of lizard fish meat during ice and frozen storage. *Nippon Shokuhin Kogyo Gakkaishi.* 1987；34：54-60.

15）木村メイコ，竹内規夫，埜澤尚範，水口亨，木村郁夫，関　伸夫．スケトウダラ肉貯蔵中のトリメチルアミン-*N*-オキシドの分解機構と酸素ガスによる分解抑制．日水誌 2006；72：911-917.

16）王　錫昌，成田公義，平岡芳信，逢阪江理，岡　弘康．エソ類の低温貯蔵中に起こるホルムアルデヒドの生成とゲル形成能の低下に及ぼす酸素の影響．日水誌 2003；69：82-84.

17）佐藤　渡，志子田立平，埜澤尚範．サンマ肉貯蔵中の酸素ガスによるトリメチルアミン-*N*-オキシドの分解抑制．日水誌 2011；77：665-673.

6章　冷凍による寄生虫リスクの低減

竹内　萌*

水産物を刺身などで生食する際，寄生虫に汚染されていることにより，食中毒などの被害が引き起こされることがあり，食品衛生上の問題となり得る．寄生虫の中でもアニサキスは最も高い感染率を示しており，全国的に問題となっている．それゆえ，アニサキスによる食中毒への注意喚起が行われている．

アニサキスによる健康被害は生きた寄生虫による場合がほとんどなので，冷凍によるアニサキスの死滅がこの低減方法として有効であることが知られている．本章では，どのような処理によってアニサキスが死滅するのかについての最新の知見を紹介する．

§1. アニサキスについて

アニサキスにとっての最終宿主はイルカなどの海洋性哺乳類であり，魚類は中間宿主である．寄生しているのはアニサキスの第3期の幼虫(L3)である．魚類の汚染は，アニサキスが寄生しているオキアミなどの甲殻類を摂取することが原因である．アニサキスは摂取後，魚類の内臓に侵入し，その後，可食部分である筋肉に移動する．アニサキスによる食中毒は，アニサキスL3が寄生している水産物を生食したときに，アニサキスL3が消化管内壁に侵入しようとする行動による激痛が症状として現れる．そのため，この食中毒リスクを回避するためには，アニサキスL3の活動能力を失わせる，もしくは死亡させることが重要である．アニサキスは様々な魚種に寄生しているが，本国ではサバによる事例が多い[1]．

アニサキスはアニサキス亜科（Anisakinae）に属する線虫である．この亜科には，アニサキス属（*Anisakis*），テラノーバ属（*Terranova*），コントラシーカム属（*Contracaecum*）などが含まれる[2]．これらは形態的に，区別，同定が可能である．先述したとおり，日本におけるアニサキス食中毒原因魚種はサバ

*（地独）青森県産業技術センター

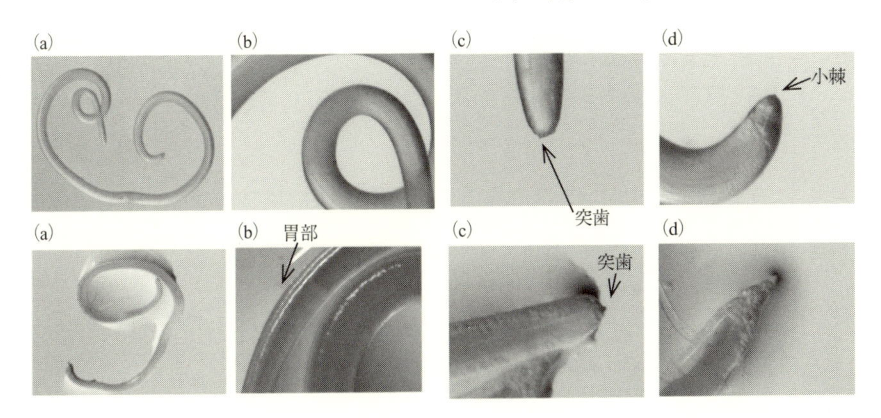

図6･1　サバから検出されたアニサキスL3
(a)：全体図，(b)：胃部，(c)：頭部，(d)：尾部，上段がアニサキス属Ⅰ型幼虫，下段がアニサキスⅡ型幼虫

が多いが，筆者らが青森県八戸港に水揚げされたサバの内臓からアニサキスL3を採取し，顕微鏡観察による同定をおこなったところ，アニサキス属のL3が検出された．アニサキス属の成虫は，現在形態学的特徴および遺伝子学的に，*A.simplex* の同胞種（*A.simplex sensu stricto*，*A. pegreffii*，*A.simplex C*），*A. typica*，*A. ziphidarum*，*A. nascettii*，*A.physeteris*，*A.brevispiculata*，*A.paggiae* の9種に分類されているが，アニサキス属のL3は形態的特徴の違いによりⅠ型，Ⅱ型に分類されてきた[1]．サバからは，Ⅰ型，Ⅱ型双方のアニサキスL3が検出されている（図6・1，口絵9）．本章ではサバに寄生しているアニサキス属L3（今後，単にアニサキスL3と称する）を用いて検討を行った．

§2. アニサキスの凍結耐性，凍結様式

水産物に寄生しているアニサキスの凍結，それによる死滅条件を検討するため，精密な冷却が可能な示差走査熱量計（Differential scanning calorimeter, DSC）を用いた．同時に，凍結の有無を吸熱ピークの発生から容易に判断できる利点もある．

2・1　アニサキスの凍結

アニサキスL3をDSCで冷却した場合，過冷却現象（本来の凍結点では凍結しない現象，7章参照）が起こる．以降，過冷却が解消したときの試料の温度

表6･1　冷却速度による過冷却解消温度の違い

冷却速度（℃/s）	重量（mg）	Tscp（℃）
0.5（n=35）	3.8±1.2	−26.6±4.1[a]
1（n=56）	4.8±3.0	−26.0±2.6[a]
5（n=15）	4.7±1.1	−18.3±8.7[b]

平均 ± 標準偏差，a, b：$P > 0.05$

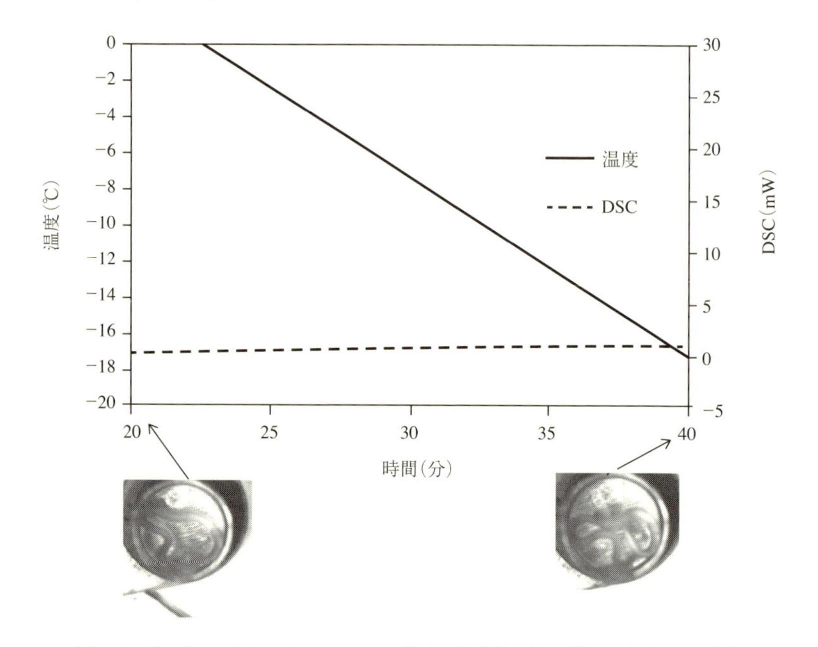

図6･2　アニサキス属 L3 を DSC で－20℃まで冷却した時の温度および DSC 信号

を過冷却解消温度(T_{SCP})と記載する．DSC で測定する場合，何度で過冷却が解消するかは冷却速度により左右される．実際にアニサキス L3 を－0.5℃/s，－1℃/s，－5℃/s で冷却すると，－5℃/s での冷却で他よりも T_{SCP} が高くなっている(表6・1)．以後に記載するのは，冷却速度を－1℃/s に設定した場合のものである．

サバの内臓から採取したアニサキスを1隻，アルミニウム製の測定容器（約100μL）に入れ，－10℃(n=8)，－15℃(n=8) もしくは－20℃(n= 0)まで冷却した場合，DSC 信号上に変化が見られず，目視でも凍結したことが確認できない（図6・2)．これらの試料はいずれも運動性を保持し，生存していると判断された．なお，アニサキスの運動性は，低温処理後のアニサキスをただちに常

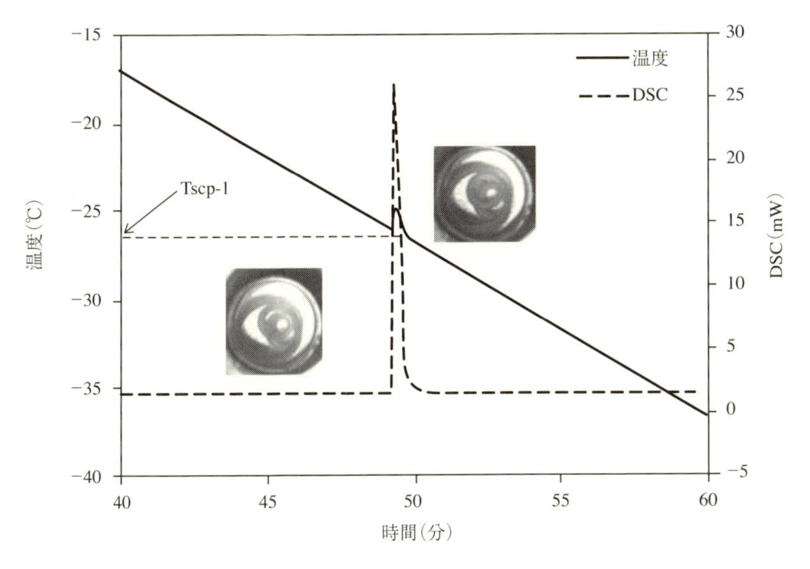

図6·3　アニサキス属L3をDSCで−40℃まで冷却した時の温度およびDSC信号

温に戻し，0.9％塩化ナトリウム溶液に移し，35℃で1晩放置した後，刺激に対して反応があるかどうかで判断している．−20℃まで冷却後，さらに同温度で1時間保持した場合も凍結は起こらず，個体は生存していた．アニサキスは凍結が起こらない条件では，少なくとも−20℃で1時間の低温にさらされても死滅しない．

アニサキスによる食中毒は，前述したとおり，生きているアニサキスが人の消化管内壁に侵入することにより引き起こされるので，単なる冷却ではリスクを回避できないことが明らかである．そこで，さらに低温の−40℃まで冷却したときのDSC信号および温度変化を図6・3に示す．図では約−27℃で過冷却が解消しているが，アニサキスL3はDSCで−1℃/sで冷却した場合，約−20℃～−30℃の間で過冷却解消にともなう温度上昇と，凍結に伴うDSCの吸熱ピークが確認され，また，目視でも凍結したことが確認される．アニサキスL3の温度がT_{SCP}より1℃低くなる温度（$T_{SCP}-1$℃）までアニサキスL3を冷却すると（n=29），全ての個体が死亡していた．これらの結果から，アニサキスはかなりの低温にさらされても凍結しなければ死滅しないこと，死滅には凍結が必要であることを確認した．

2・2 塩溶液中での凍結による影響

前項ではアニサキスをそのまま冷却したが，自然界では宿主の内臓や筋肉の組織に囲まれている状態であるので現実的な条件とはいえない。図6・4はアニサキス1隻に対し，全体が浸漬されるよう40μLの0.9％塩化ナトリウム溶液を加え，−1℃/sで冷却したときの結果である．試料（塩化ナトリウム溶液＋虫体）中の水分の凍結に由来する幅広い吸熱および過冷却解消のピークが約−14℃付近に認められている．冷却している間の状態を観察すると，アニサキスは塩化ナトリウム溶液中の水分が凍結後，直ちに凍結していた．アニサキス虫体を空気にさらされた状態で冷却したときよりも，T_{SCP}が高くなる（表6・2）．さらに，凍結した個体は全て死滅しており，生きているアニサキスは確認されなかった．

表6･2 0.9％塩化ナトリウム溶液添加有無による過冷却解消温度の違い

溶液の有無	重量（mg）	T_{scp}（℃）
添加なし	4.9 ± 3.3^{a}	-25.9 ± 2.8^{a}
添加あり	4.4 ± 0.7^{a}	-14.1 ± 3.1^{a}

平均 ± 標準偏差，a, b：$P > 0.05$

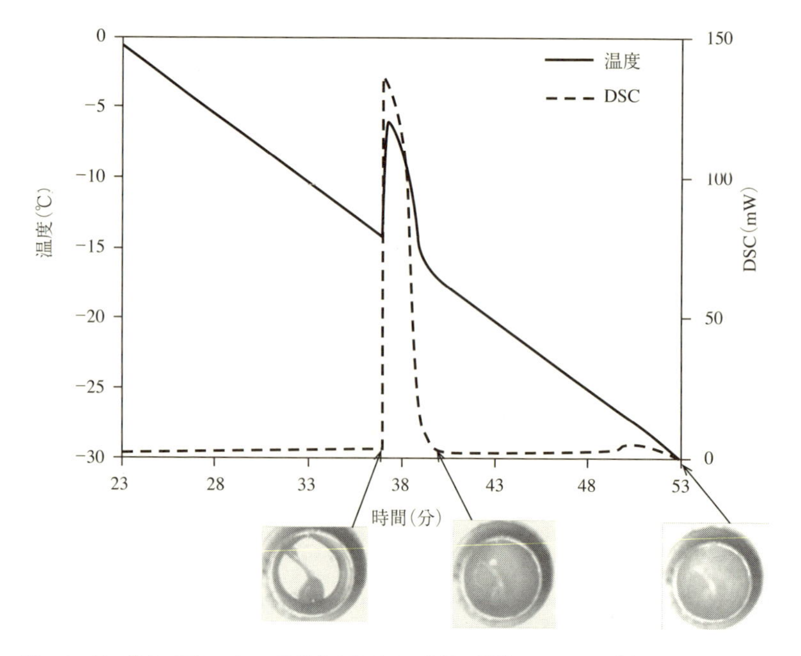

図6･4 アニサキス属L3を0.9％塩化ナトリウム溶液に浸漬し，DSCで冷却した時の温度およびDSC信号

食塩水中であっても凍結すれば死亡することが確認された.

2・3 魚肉中での凍結による影響

サバから調製したミンチ肉をDSCで−1℃/sで冷却した場合のT_{SCP}は平均で約−15℃であった. アニサキス虫体をサバから調製したミンチ肉（約80～100mg）に埋め, DSCで冷却(−1℃/s)すると, T_{SCP}より前（凍結していない時点）で冷却を停止するとアニサキスは生存しているが, DSC信号上に出現したピークの終点（ミンチ肉＋虫体の凍結が完了した点）まで冷却した場合, アニサキスは死亡していた. 宿主の筋肉中に存在するアニサキスL3は, 幼虫の周囲の筋肉組織が凍結すれば死亡するようである.

§3. 魚に寄生しているアニサキスの冷凍による死滅条件

上記のように, 冷凍により, アニサキスを死滅させることが可能であることを確認した. しかし, 凍結のための条件は, 魚の大きさ, 形態, 凍結方法（温度・冷却媒体など）によって異なる. 本項では現実に即して, アニサキスが寄生しているサバをラウンドのまま真空包装し, そのまま冷却し, 冷凍による死滅を検討した.

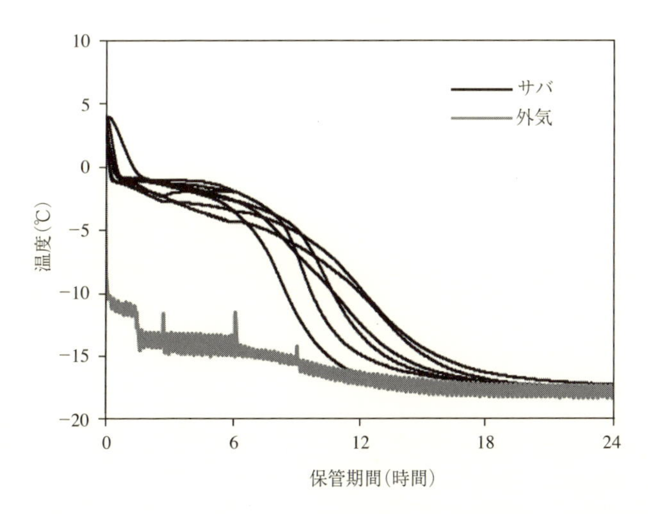

図6·5 ラウンドのサバを−20℃ストッカーで保管したときの魚体中心部の温度変化

3・1　−20℃冷凍庫保管による凍結

水産物の冷凍保管には，−20℃の冷凍庫が一般的に使用されることが多い．−20℃の冷凍庫（221L）に約240 ～ 740gの生サバ（29尾）を最長24時間まで保管した．魚体中心部（ラウンド状態のサバの体長の1/2，体幅の1/2にあたる部分）に温度センサーを挿入し，温度履歴を記録した．個体により，温度履歴は多少異なったが，6時間から18時間の間に−5℃から−15℃付近まで冷却されていた（図6・5）．この冷却途中でサバを冷凍庫から取り出し，凍結している個体は解凍後にアニサキスを採取し，それぞれの個体から採取されたアニサキスの総数，生存が認められた個体を計測し，生存率を算出した．魚体中心部が到達した温度，魚体およびアニサキスの凍結の有無と生存率の関係をみてみると（図6･6），中心部の到達温度が−15℃以上だったサバから採取したものでは，全て死亡していた．なお，本試験に使ったサバは，筋肉へのアニサキスの寄生は認められず，全て内臓に寄生している個体であった．

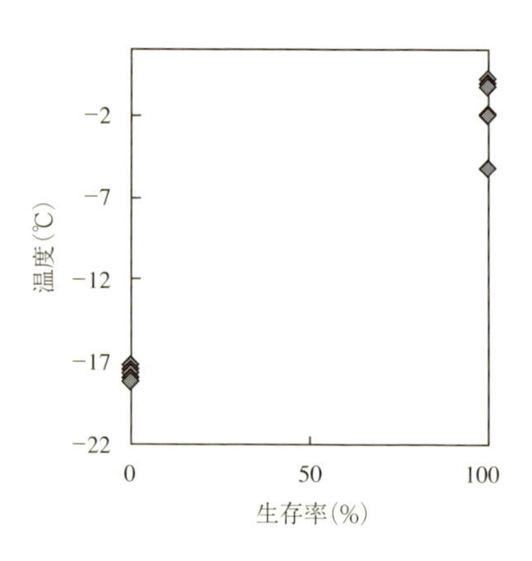

図6･6　−20℃ストッカーに保管したときの中心部の到達温度とアニサキス属L3生存率の関係

3・2　アルコールブライン中での凍結

水産物の急速凍結方法の一つとして，低温の不凍液（ブライン）に浸漬して凍結するブライン凍結法がある．この方法は，短時間で凍結できる利点がある．そこで，350 ～ 520gの生サバ（9尾）を−20℃に設定したアルコールブライン中で1時間凍結した．魚体中心部よりも内臓の方が，冷却が速やかに進行し，浸漬60分で平均約−10℃に到達した（図6・7）．1時間浸漬し，完全に凍結したサバから解凍後にアニサキスを60個体回収したが，そのうち2匹（3.3％，2/60）が生存していた．一方，−30℃に設定したアルコールブライン中で1時間凍結した場合（約410 ～ 800g，19尾），採取したすべてのアニサキスは死亡していた（全て内臓から採取）．−30℃での凍結では，凍結開始から1時間で筋

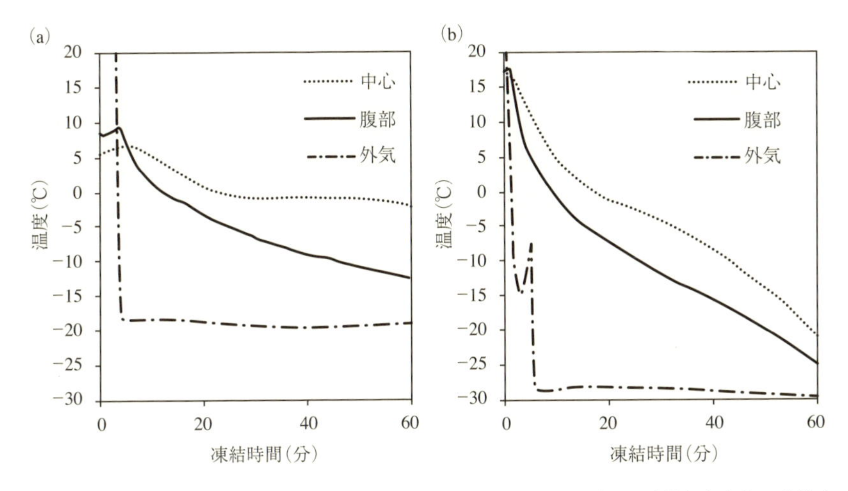

図6·7　ラウンドのサバを（a）−20℃，（b）−30℃アルコールブラインで凍結したときの魚体中心部および腹部の温度変化

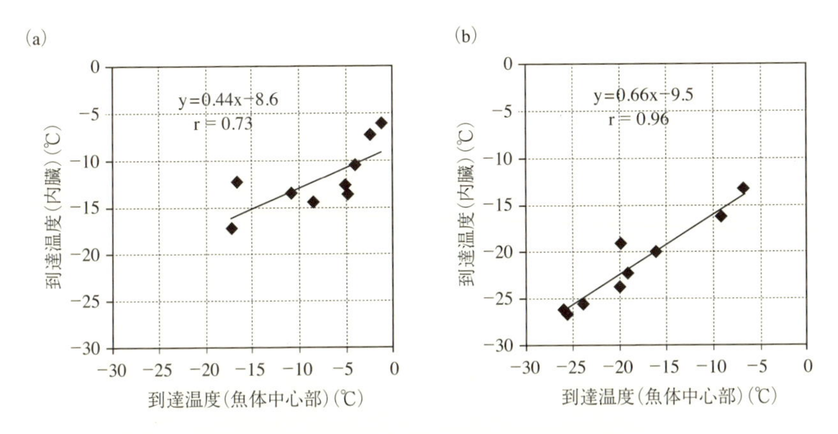

図6·8　中心部到達温度と内臓部到達温度の関係
(a)：−20℃，(b)：−30℃

肉部位，内臓ともにほとんどが−15℃以下まで到達していたのに対し，−20℃では到達温度がより高かった（図6・8）．−20℃で生存しているアニサキスが検出されたのは，到達温度が高く，凍結が不十分であったためと考えられる．

§4. まとめ

本章では，サバに寄生している主要寄生種であるアニサキスL3を用い，冷凍による死滅条件を検討した．DSCを用いた試験により，アニサキス属は単に，−20℃のような低温処理だけでは死滅しないが，個体そのままでも，0.9％食塩水中でも，さらに，魚肉中であっても，凍結さえできれば死滅させることが可能であることを示した．

ラウンドのサバを凍結することを想定し，冷凍庫やアルコールブラインを用いてサバの凍結とアニサキスの死滅の関係を探った．いずれの方法でも，十分に凍結ができれば死滅できると判断された．凍結方法は他にも，エアブラスト凍結，静止気流凍結など様々な方法がある．また，形態もラウンドでなく，ドレス，フィレーなどの形態も想定される．後者の場合は，小さな個々のフィレーではなく，多数をまとめてブロックの形状で凍結する場合がある．この場合はその大きさゆえ冷却効率が低下し，凍結に要する時間が長くなる．凍結方法，試料の大きさを考慮した凍結処理条件を設定する必要がある．

日本におけるアニサキスによる食中毒は，生きた虫体が人の消化管内壁に侵入して激痛を伴う症状がほとんどである．しかし，アニサキスそのものが人間にとって異物であり，虫体を構成しているタンパク質成分がアレルゲンとなり，アレルギーを引き起こすことも知られている．アニサキスによるアレルギーは，近年活発に研究が行われている．当然のことながら，凍結により死滅した個体でもアレルゲンとなることから，死滅だけでは解決できない問題である[3]．Abeらは，動物を用いた試験において，生存している *A.simplex* L3のみが特異的な抗体生成を誘導することを報告しているが[4]，アレルゲン性が完全に失われるわけではないので，今後重要な研究課題の一つとなることは明らかである．

謝　辞

本研究にあたり多大なご協力・ご指導をいただいた東京海洋大学鈴木教授，および(地独)青森県産業技術センター食品総合研究所職員はじめ関係各位に深くお礼申し上げます．

文　献

1）鈴木　淳，村田　理．わが国におけるアニサキス症とアニサキス属幼線虫．東京健安研セ年報 2011；62：13-24.

2）大石圭一，平沖道治．アニサキス幼虫とその食品衛生対策．日水誌 1971；10：1020-1030.

3）Sanja V, Crista H, Maria TS, Angel M, Ana IR, Migul GM, Margarita T. *Anisakis simplex* allergens remain active after conventional or microwave heating and pepsin treatments of chilled and frozen L3 larvae. *J. Sci. Food. Agric.* 2009；89：1997-2002.

4）Abe N, Teramoto I. Oral inoculation of live or dead third-stage larvae of Anisakis simplex in rats suggested that only live larvae induce production of antibody specific to *A.simplex. Acta Parasitologica* 2014；59（1）：184-188.

5）竹内　萌，松原　久，高橋　匡，小坂善信，工藤謙一，渡辺　学，鈴木　徹．アニサキス亜科 L3 幼虫の死亡に与える凍結の影響．日本冷凍空調学会論文集 2015；32（2）：199-206.

7章　新技術への展開

萩原知明[*1]・小林りか[*2]・君塚道史[*3]

§1. 不凍タンパク質の活用

1・1　氷結晶生成および成長が食品の品質におよぼす影響

冷凍技術は，食品の本来の性質を保持したまま長期間保存が可能である点で，他の保存方法より優れている．かつて，冷凍装置の性能があまりよくなかった頃には，凍結の際に氷結晶が大きく成長し，食品の構造の物理的な損傷とそれに伴う種々の品質劣化が問題となっていた．しかしながら，急速凍結などの手法が開発され，氷結晶を微細化させることが可能となり，現在では，凍結時の氷結晶生成による問題はかなり軽減されつつある．一方で，未解決の問題が存在する．その一つが，氷結晶の再結晶化(Recrystallization)である．貯蔵・流通過程において，凍結食品中の氷結晶には，平均サイズの増大，数の減少，形状の平滑化が見られる．これらの現象を氷結晶の再結晶化と呼ぶ．図7・1にマグロ中の氷結晶の再結晶化の例を示す[1)]．氷結晶の再結晶化により，大きく成長した氷結晶は食品の構造に損傷をもたらし，食品の品質が劣化する．高品質な凍結食品を実現するためには，氷結晶の再結晶化を抑制することが必要である．

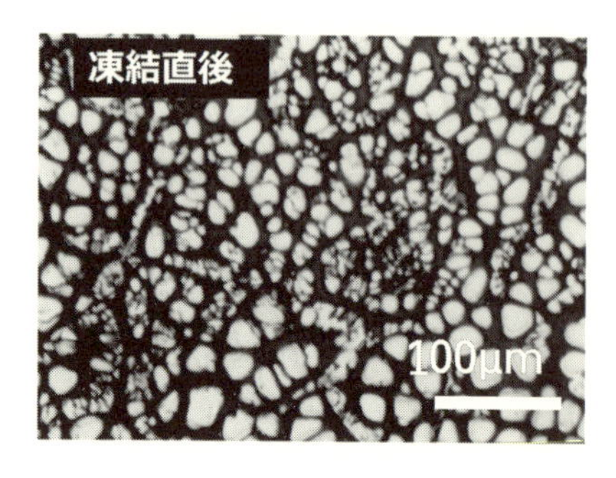

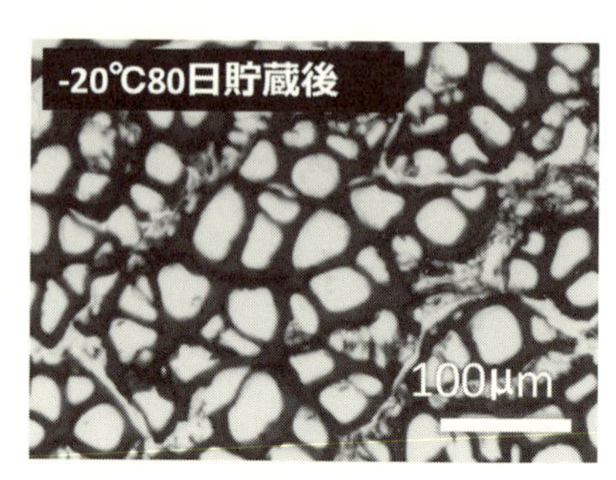

図7·1　凍結マグロ魚肉中の氷結晶の再結晶化（凍結置換法による顕微鏡観察写真）
白い部分が氷結晶に相当する．

*1 東京海洋大学学術研究院食品生産科学部門，*2 日本大学生物資源科学部，
*3 宮城大学食産業学部

極地に生息する一部の魚類は，通常の魚類の体液の凍結温度より低い海水温下でも生き延びることができる．これは，これらの魚類が生産する不凍タンパク質(Antifreeze protein; AFP)によることが明らかとなっている[2,3]．理想的な条件では，氷結晶は無制限な成長が可能である．一方，AFP が存在している水溶液中では，AFP が氷結晶表面に吸着し，氷結晶の成長が抑制される（図7・2）．AFP を生産する魚類の体内では，生じた氷結晶の成長は抑制され，組織の損傷も抑えられるため，通常の魚類なら凍結して死ぬような低温でも生存できる．

AFP の発見以来，その氷結晶の成長抑制能を利用した凍結食品中の氷結晶の再結晶化抑制技術の実用化が期待されてきた[4,5]．しかしながら，極地の生物は大量捕獲が困難であり，極地の魚類由来の AFP は希少性が高いことから（50～100 万円 /g），食品産業分野での実用化はほとんど行われていなかった．ところが近年，身近な生物からの AFP 発見が相次ぎ[6-9]，費用についての問題解決の目途が立ち，AFP の食品産業への利用が本格的に始まりつつある．

本節では，AFP について概説し，近年の AFP の食品産業での利用に向けての種々の試みを，筆者らの研究例も交えながら述べる．

1・2　氷結晶の再結晶化と不凍タンパク質

1）再結晶化の定義とメカニズム

再結晶化の正確な定義は,「結晶固化完了後の結晶の数，大きさ，形状，方向性，周期性の度合いの変化」[10] である．凍結食品においては，凍結完了後の貯蔵および流通の過程において，①氷結晶の平均サイズの増大，②氷結晶の数の減少，③氷結晶の平滑化という形態で表出する．氷結晶表面に存在する水分子は，氷結晶内部の水分子と比較して，周りを水分子に囲まれていないため，より不安定な状態(＝高エネルギー状態)にある．このような水分子の数を減らしてより安定な状態へ移行しようとして，氷の表面積を減らす過程が自発的に進行する．すなわ

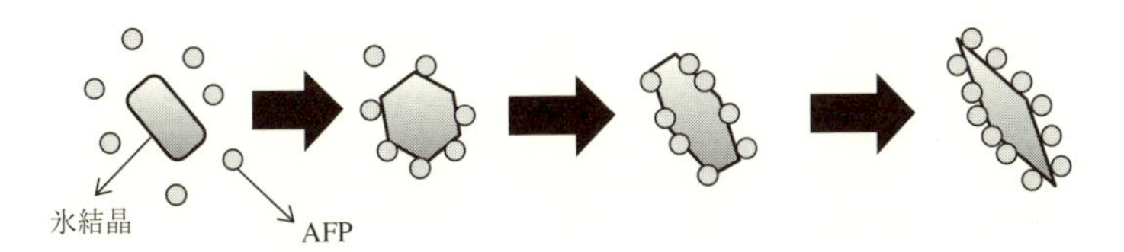

図 7·2　不凍タンパク質（AFP）は氷結晶表面に吸着する（模式図）

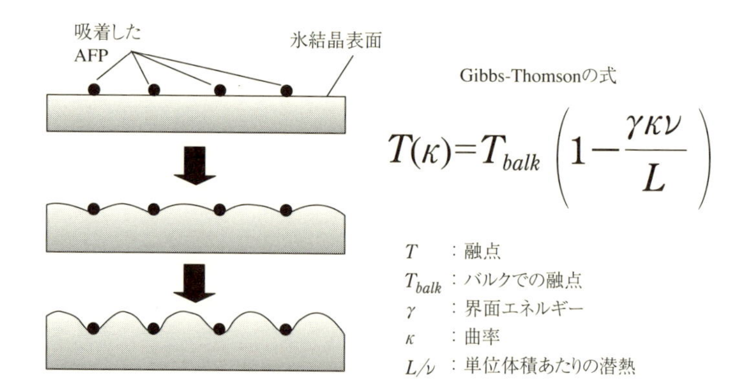

図 7･3　AFP による氷結晶成長抑制機構

ち，小さな多数の氷結晶から大きな少数の氷結晶への変化，（①，②）および氷結晶の表面の平滑化（③）が進行する．

2) 不凍タンパク質（AFP）が氷結晶の再結晶化を抑制するメカニズム

AFP は，1969 年に北極海のノトセニア科の魚から最初に発見された[11]．その後，植物や昆虫，微生物などの様々な生物にもその存在が明らかとなっている[6,7,9]．AFP は構造や分子量によって，不凍糖タンパク質(AFGP)，I 型～Ⅳ型の型に分類されている．いずれも氷の結晶表面と親和性の高い構造を有しており[12]，氷結晶表面に吸着することで，氷結晶の成長を抑える[2]．AFP が吸着した氷結晶表面が成長する際には，図 7・3 のように凸状の曲率をもつように成長せざるを得ない．しかしながら，凸状の曲率を有する表面は Gibbs-Thomson の式により，氷の融点が低い．つまり，一定の温度に保っている限りは氷結晶の成長は抑制され，再結晶化の進行も抑制される．

1・3　不凍タンパク質の食品産業での応用にむけての試み

1) アイスクリームへの応用

アイスクリームの滑らかな食感は，製法上の工夫により氷結晶の大きさが極めて小さくなっており，その存在を口腔が感知できないことに起因する．しかしながら，不適切な貯蔵・流通が行われると，再結晶化により，氷結晶が大きく成長し，滑らかな食感は失われる．アイスクリームに AFP を添加することで，氷結晶を小さく保つ技術は欧米メーカーが開発し，実際に AFP を添加したアイスクリームが市販されている[13]．使用されているAFPは，極地の魚由来のものを遺伝子組み換え技術により，微生物を用いて生産されたものである．

2) AFPの大量生産に適した原料の検討

食品産業でAFPを使用するためには，AFPの大量生産が不可欠である．遺伝子組み換え技術を用いることで，原理的にはAFPを安価かつ大量に生産することが可能である．しかしながら，資源の有効利用などの観点から，AFPの抽出原料として大量生産に適したものを探索する試みも続いている．Goffらは，低温馴化させた小麦の葉の抽出液にAFPが含まれていることを確認し，アイスクリームへの応用可能性を検討している[8]．小麦は世界的に多量に栽培されていることから，AFP原料としての適性を有しているといえる．

津田らは，北海道の市場で販売されている複数の魚種がAFPを有していることを実験的に確認し[9,14]，AFPが比較的高濃度含まれている粉末を簡易に調製する方法を開発した[9,14]．AFPの含有が確認された魚種の多くは，マダラや各種カレイなど我々にとってなじみのあるものである．

河原らは，カイワレ大根の抽出物にAFPが含まれていることを明らかにし，製品化に成功した[15,16]．麺類の冷凍焼けや卵加工品の凍結貯蔵に伴う食感劣化の抑制に効果があるとされている．

3) AFPの再結晶化抑制能の定量的評価の試み

様々な生物由来AFPの実用化に近づくにつれ，費用対効果に応じてAFPの種類を選択する時代が到来するであろう．その際，AFPの再結晶化抑制能を適

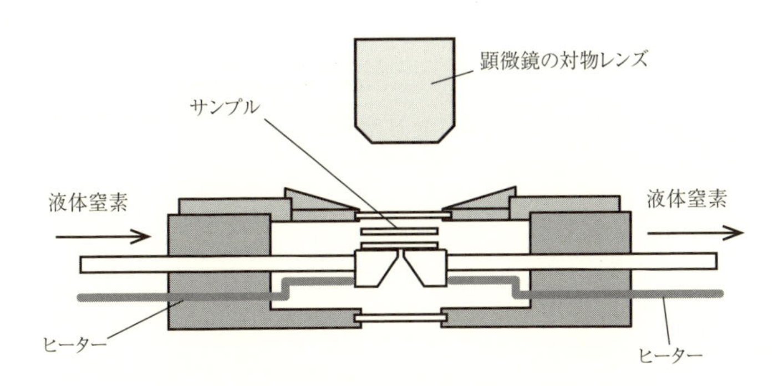

図7･4　温度制御可能な顕微鏡観察ステージ（模式図）

切に評価することが求められる．筆者らはスクロース溶液をモデル食品として用い，I型AFPの氷結晶の再結晶化抑制能の定量的な評価を行った[17]．以下に詳細を述べる．I型AFPは，北極海のカレイ科またはカジカ科の魚から発見され，代表的なAFPとして広く研究に用いられてきた．また，スクロース溶液はアイスクリームのモデルとして，既往の研究でしばしば用いられている．33％スクロース溶液にAFP（粉末）を最終濃度0.01～1μg/mlになるよう溶解させ，2μlを2枚のカバーグラス（直径16 mm）の間に挟み込み，温度制御が可能な顕微鏡観察ステージ上に置いた．図7・4に顕微鏡観察ステージの模式図を示す．はじめに試料温度を30℃から−30℃まで90℃/minの割合で冷却し，微細な氷結晶を多数生成させた．そして，10分後に10℃/minの割合で−10℃まで昇温し，その後−10℃に保持し，貯蔵実験を開始した．最初に急速冷却してから，目的温度まで昇温することにより，比較的大きさが揃った氷結晶を生成できる．そして，画像解析によって求めた氷結晶の平均サイズの貯蔵時間依存性をOstwalds ripeningに基づく以下の式[18]で解析することにより，氷結晶の再結晶化の進行速度を反映した再結晶化速度定数kを求めた．

$$r^3 = r_0^{\ 3} + k\,t$$

t：貯蔵時間，−10℃に到達した時をゼロとする

r：氷結晶の平均サイズ（数平均等価面積円半径）

r_0：$t=0$の時の氷結晶の平均サイズ

k：再結晶化速度定数

kの値が大きいほど，再結晶化の進行速度が速いことを意味している．

図7･5は貯蔵中における氷結晶画像の典型例である．AFP濃度1μg/mlでは，氷結晶の大きさは明らかに小さく保たれており，氷結晶の再結晶化が抑制されていることがわかる．表7・1に再結晶化速度定数kを示す．AFP濃度0.01μg/ml，

表7･1　異なるAFP濃度条件下での33％スクロース溶液中の再結晶化速度定数．貯蔵温度−10℃

	0 μg/ml	0.01 μg/ml	0.1 μg/ml	1 μg/ml
再結晶化速度定数 k （$\mu m^3/h$）	186 ± 54	200 ± 58	173 ± 25	24 ± 8

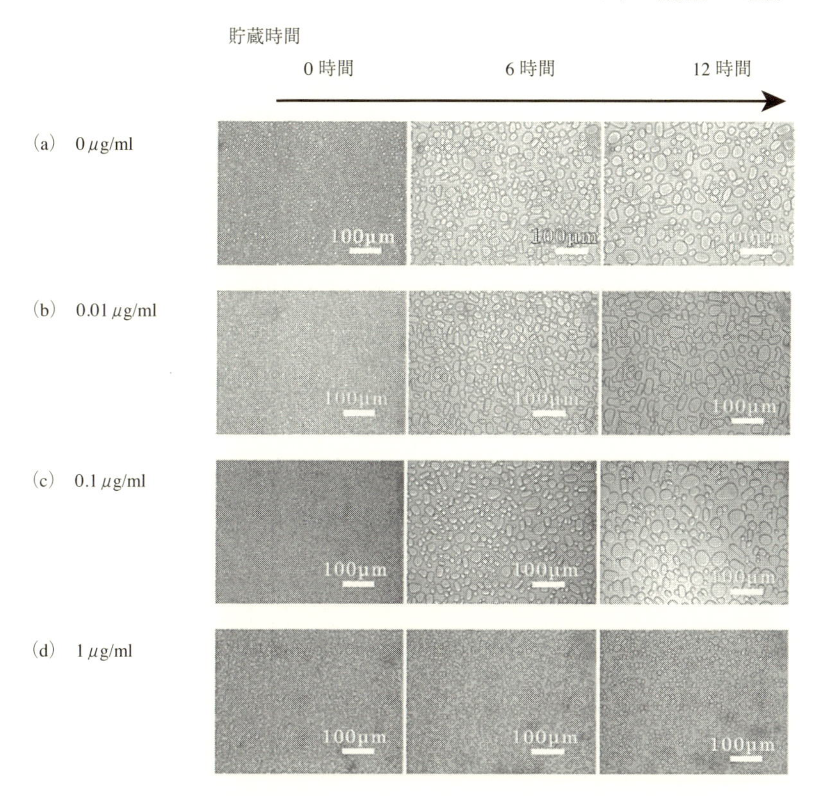

図7·5　氷結晶の観察画像の例．
AFP濃度：(a) 0 μg/ml, (b) 0.01 μg/ml, (c) 0.1 μg/ml, (d) 1 μg/ml.

0.1 μg/mlでは，AFP無添加の場合と有意な差は認められなかった．1μg/mlでは再結晶化速度定数の値は，無添加と比較して約87%小さくなった．これらの結果から，I型AFPは1μg/mlで有意な再結晶化抑制能を示したことが明らかとなった．このように，再結晶化速度定数を用いることで，AFPの再結晶化抑制能を定量的に評価することができる．

4) AFP原料の選択肢増加の試み

現在市場に出回っている膨大な量の冷凍食品にAFPを添加して利用するためには，AFPの生産規模の拡大のみならず，原料の選択肢を増やすことも必要である．前述したように，津田ら[9,14]は北海道の市場に売られているマダラや複数種のカレイなどの種々の魚にAFPが含まれていることを明らかにした．さらに，彼らは北海道と同等の気候の水域で漁獲された魚類にも，AFP が含まれている可能性が高いことを述べている[14]．しかしながら，実際に北海道以外の水域で漁獲された魚類を用いて AFP の存在の有無を確かめた報告例は，ほとんど見当たらない．そこで，筆者らは東北地方で漁獲された水産物にも AFP が含まれている例があるかを確認するため，複数の東北産水産物について，その水抽出液の氷結晶再結晶化抑制活性を調べた[19]．

用いた水産物は，2012 年 3 月中旬に塩釜仲卸市場にて購入した 21 種類である．(魚類 12 種；アイナメ，マアジ，ウミタナゴ，カナガシラ，キチジ，サヨリ，スケトウダラ，エゾイソアイナメ，アカムツ，マコガレイ，マダラ，コウナゴ，海藻類 2 種；乾燥ひじき，ワカメ，貝類 4 種；アカガイ，ツブガイ，ホタテガイ，ホッキガイ，その他 3 種；バフンウニ，乾燥小エビ，ホヤ)．なお，これらの試料のうち，アジ，スケトウダラ，マダラ，コオナゴは，北海道で漁獲されたものから AFP の存在が既往の文献[14]により確認されている．また，同文献[14]では，マコガレイについての AFP の存在の有無に関する記載は見当たらないものの，北海道産の種々のカレイから AFP の存在が確認できたことが述べられている．

これらの筋肉組織を蒸留水と混合しすり潰した後，遠心分離と濾過により不溶物を除去して得られた上澄みを 60wt％スクロース水溶液と混合し，最終スク

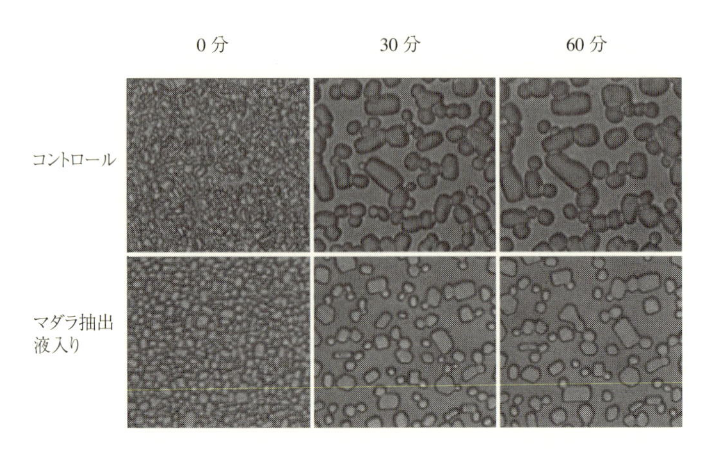

図 7･6　33wt% スクロース水溶液中（上段）およびマダラ抽出液を含む 33% スクロース水溶液中（下段）で生じた氷結晶の観察画像．
観察温度：−10℃．（口絵 11 も参照）

ロース濃度が33wt％としたものを氷結晶観察用試料溶液とした．この試料溶液1μLを1・3-3)と同様の手順で凍結し，−10℃条件下で，0，30，60分後の氷結晶の画像を得た．

図7・6(口絵11)はコントロール(33wt％スクロース水溶液)およびマダラ抽出液を含む33％スクロース水溶液の観察画像である．マダラの抽出液を含む試料は，30分後ならびに，60分後の氷結晶サイズの増加が抑えられていることから，東北地方で漁獲されたマダラにもAFPが含まれている可能性が高いことが示唆された．このほか，マダラほど明確ではないが，マコガレイ抽出液も氷結晶サイズ増加を抑える効果が確認された．マダラおよびマコガレイ以外の水産物19種では，今回の実験では明確な再結晶化抑制効果は観察されなかった．今回の実験で得られた結果は，北海道より南の東北地方で漁獲されたマダラおよびカレイにもAFPが含まれている可能性が高いことを示すものであると考えられた．

マダラについては，水抽出液中に含まれていると想定されるAFPを効率的に濃縮ならびに分離精製することを目的として，マダラ水抽出液が示す不凍活性の季節変動，加熱処理がマダラ水抽出液の不凍活性に及ぼす影響を調べた[20]．2013年の11，12，3，5月に岩手県宮古で漁獲された試料の不凍活性を調べたところ，11月および12月に漁獲された試料に明確な不凍活性が確認できた一方で，5月に漁獲された試料は不凍活性が著しく弱かった．60℃，70℃，80℃で15分間加熱処理を施した水抽出液は，未加熱試料と同様の不凍活性を有していた．食品の製造加工においては調理，殺菌などの加熱過程がしばしば行われるが，上記の結果は，加熱過程を含む食品においても，マダラ由来のAFPは使用可能であることを示唆している．

1・4　むすび

以上，AFPの概説ならびに，近年のAFPの食品産業での利用に向けての種々の試みを述べた．AFPの氷結晶成長抑制作用の原理の理解とAFPの食品への応用が進展することを期待する．

なお，本節記載の結果の一部は，財団法人岩谷直治研究財団ならびに，文部科学省東北マリンサイエンス拠点形成事業「高度冷凍技術を用いた東北地区水産資源の高付加価値化推進」の助成により得られたものである．ここに記して感謝する．

§2. 食品冷凍への過冷却利用とその効果

2・1　過冷却を利用する意味

1）水の過冷却と凝固

水は何度で凍りますか？　と質問されて大抵の人は0℃と答えるであろう．しかしながらほとんどの場合，水は0℃より低い温度まで冷却された後に氷が生じる．氷として存在できる温度でありながら，液体の水のままである現象を過冷却とよぶ．もし，水が全く過冷却をしなければ，氷が生じる温度（凝固点）と融点は同じ0℃となるが，過冷却をした場合では0℃未満から−40℃付近までのいずれかの温度が凝固点，すなわち過冷却解消温度となる．過冷却を取り扱う難しさは，同じ条件であっても過冷却解消温度が定まらず，ごく限られた場合のみ再現性よく過冷却する点にある．一般的に過冷却解消温度が定まらない理由としては，水から氷への変化が確率的な現象であることのほかに，水に含まれる異物，容器の側面，振動，電圧の印加，放射線の照射などの影響[21]もあげられる．これらは水が氷となるためのきっかけとして働く．通常の凍結ではこ

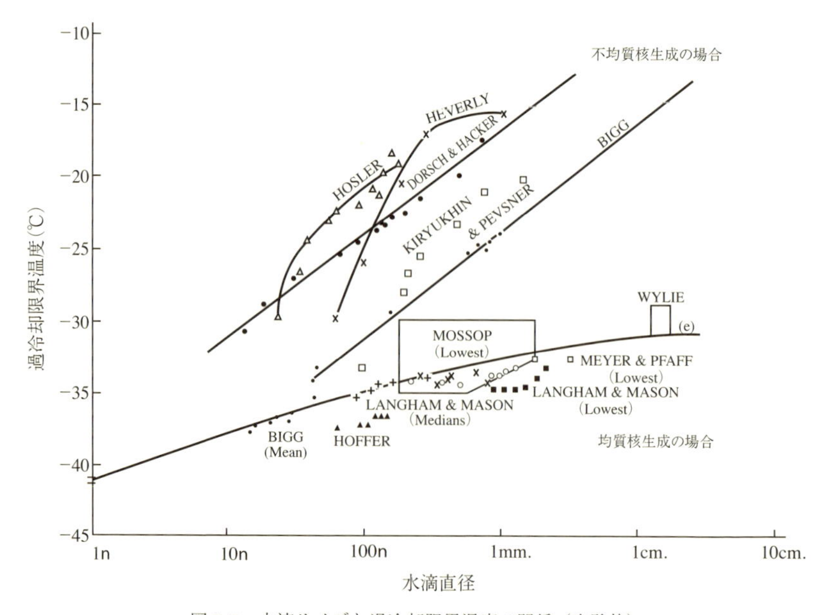

図7·7　水滴サイズと過冷却限界温度の関係（実験値）

のような外的因子に常にさらされているため，低い温度まで過冷却することはない．水以外の異物などが要因となって凍結を開始する場合を不均質核生成（Heterogeneous nucleation）とよぶ．なお，水から氷への変化を最も促進する異物は氷自身である．また，人工降雨に利用されていたヨウ化銀なども氷核生成を促進する物質として知られている．これは結晶の型が氷結晶に近いことなどが主な理由であるが，決して特定の物質のみが該当する訳ではなく，1nm 以上のサイズがあれば，多かれ少なかれ氷核生成を促進することが示されている[21]．一方，振動などの因子が核生成を促進するメカニズムについては，現在でもよくわかってはいない．対照的に，外的因子は関係なく，水のみで核生成を考慮する場合を均質核生成（Homogeneous nucleation）とよぶ．均質核生成は外的因子の影響がないため，不均質核生成と比べ低い温度まで過冷却する．

図7・7は水滴の直径と過冷却限界温度の関係について複数の実験結果をまとめたものである．上の分布は不均質核生成，下の分布は均質核生成と想定されるが，いずれの場合も水の過冷却限界温度は液滴直径の対数値と直線関係にあり，水から氷への変化が確率的な現象であることがわかる．また，この関係から水を1μm程度の微細な水滴にすると，−40℃付近まで過冷却することもわかる[22]．さらに小さな水滴にすると凝固点はより低下することになるが，微細な空間に存在する水は何らかの束縛を受けることになるので，ここでの過冷却限界温度（−40℃）は通常の水（バルク水）として取り扱える範疇での下限温度となる．なお，水を限界温度まで過冷却させるための代表的な方法としては，W/O エマルションの利用があげられる．水溶液をエマルションにすれば，簡便に水を1～10μm程度の液滴にすることが可能であり，油中に分散した水滴は再現性よく−38℃付近まで過冷却することになる．一方，体積以外で過冷却を制御する方法としては溶質を添加する方法があげられる．希薄溶液の融点は溶質によらず質量モル濃度に比例するが，1 mol/kg 程度の濃厚溶液になると溶質の影響が無視できなくなる．すなわち，濃度の割に融点が降下する溶質と，降下しない溶質に分けることができる．実は過冷却解消温度についてもこれと同様なことがいえる．図7・8は水溶液を W/O エマルションにして測定した場合の濃度と融点および過冷却解消温度の関係をそれぞれ示したものである[23]．この結果から，非平衡である過冷却解消温度も融点と同様な降下曲線を示すことや，同じ融点で比較

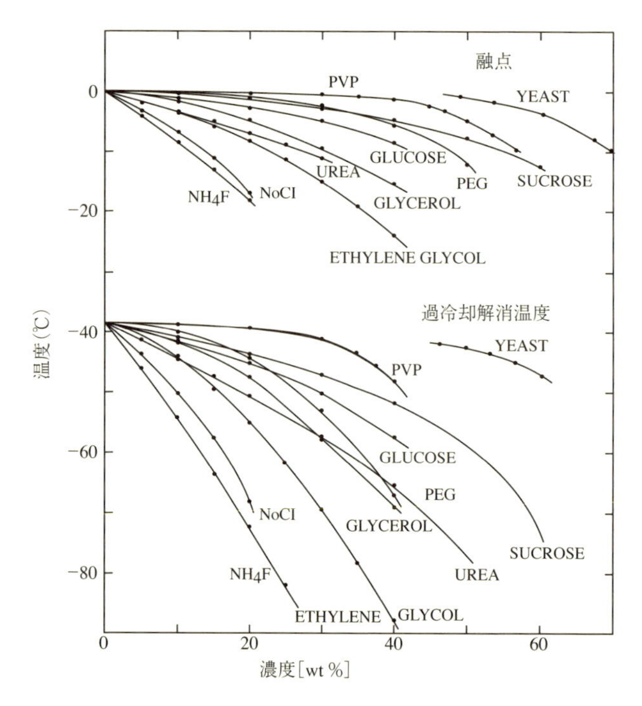

図 7·8　各種水溶液における過冷却解消温度（均質核生成温度）および融点と濃度の関係

しても溶質により過冷却解消温度は異なること，すなわち過冷却のし易さが溶質ごとに異なることがわかる．一般的には定まらない過冷却解消温度も，このように再現性が得られる方法で実験すれば，溶質と過冷却の関係について評価が可能となる．例えば，高分子は低分子に比べて過冷却を促進し易いこと，同じ二糖類であっても過冷却能が異なることなど[24]，溶質が過冷却に及ぼす影響について，いずれもエマルション法により明らかとなった．過冷却は非平衡な現象でありながら，評価方法によっては平衡状態と同様な取り扱いが可能な側面もある．

2）食品産業における過冷却利用

過冷却を制御することは困難であるが，近年では食品産業でも少しずつ応用されつつある．例えば，過冷却状態で保持された清涼飲料水やお酒が販売されているが[25]，これらの飲料は開栓時やグラスに注いだ直後にシャーベット状態となり，見た目の楽しさを提供している．また，最近では食材を過冷却状態で保存することが可能な家庭用冷蔵庫も販売されるようになった．冷凍保存と比べると保存期間は短くなるが，未凍結状態であるため氷結晶が要因となる品質劣化はなく，また解凍が不要であるなど，品質と利便性を向上させた点が特徴となっている．なお，過冷却状態で食品や生体を保存する試みは既に行われており，魚肉などを過冷却状態で保存すると冷凍保存した場合に比べ，タンパク変性が少ないことなどが報告されている[26, 27]．よって，保存をはじめとする様々な用途に対し，過冷却現象を利用する価値は高いが，根本的な問題は過冷却の保持と解消する温度の制御であり，この解決が産業利用を促進する上での課題となる．なお，本研究は，食品内部に生じる氷結晶の微細化を目的として冷却時の過冷却利用を検討したものである．

2・2　食品の凍結と氷結晶

1）氷結晶サイズ

食品を冷凍保存する際，氷結晶は微細である方が好ましいとされるが，微細にすれば必ずしも全ての食品の品質が改善されるわけではない．とくに生鮮青果物はその傾向が顕著であり，種々の凍結方法により氷結晶を微細にしても大

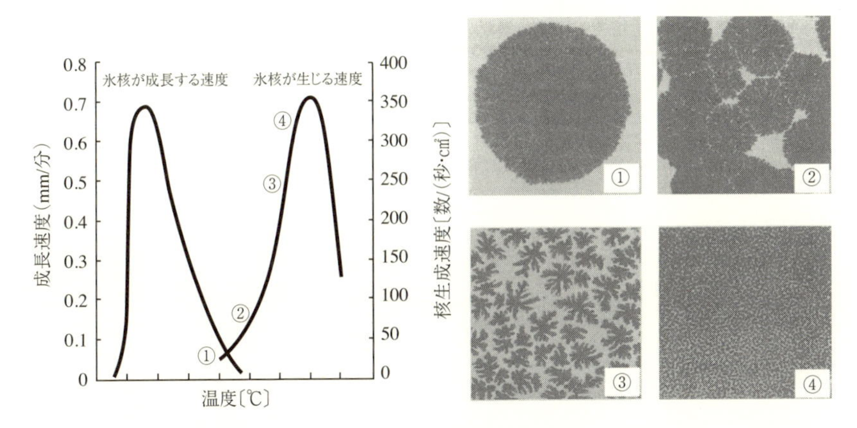

図7·9　水溶液中における氷結晶成長速度と氷核生成速度の温度変化
写真①：高い温度で凍結すると，氷核の生成は抑えられるが，成長速度が速いので大きな結晶が少数生じる．
写真④：低い温度で凍結すると，多数の氷核が生じるが，成長速度は遅いので小さな結晶が多数生じる．

幅な改善は望めない．しかしながら，鮮魚をはじめとする水産食品の場合は適切な冷却により氷結晶を微細にすることで冷凍での保存・流通が可能となった事例が多数存在する．通常，食品に生じる氷結晶のサイズは氷の種が生じる速度（核生成速度）と，その種が成長する速度(結晶成長速度)により決定されるが，これらはいずれも温度に依存する．この概念図を図7・9に示した．低い温度で氷が生じると多数の氷核が生成するが，その成長速度は遅いため，小さな氷結晶が主体となる．一方，高い温度(例えば，融点の近傍)で氷が生じる場合は少数の氷核が生成するが，その成長速度は速いため，大きな氷結晶が主体となる[28]．食品を凍結する際，温度は低い方がよいとする考え方はこの様な背景にもとづいている．

2）過冷却凍結法

過冷却状態にある水が凍結を開始すると，通常の凍結に比べて，極めて急速に氷結晶が生成する．このような現象は水や水溶液のみならず様々な食品でも同様に生じるが，この時に生じる氷結晶は微細になる事が報告されている[29,30]．氷結晶が微細となる理由としては，過冷却により対象物全体が低温となることで氷核の成長に比べ，氷核の生成の方が顕著に進むことが要因と考えられる．したがって過冷却をうまく制御すれば，食品内の氷結晶サイズを微細にすることも可能となり，高品位な凍結を実現することが期待される．一方，過冷却凍結に類似する凍結方法として圧力移動凍結法が知られているが，この方法でも氷結晶サイズを微細にすることが可能である[31]．原理としては，例えば水を200MPaまで加圧すると−20℃付近まで融点が降下するが，この圧力を保持したまま冷却すれば，0℃未満であっても過冷却状態と同様に食品を未凍結状態のまま保つことができる．その後，低温に保持したまま瞬時に常圧まで昇圧すると，その途中で食品内に氷を生じることになる．不安定な過冷却とは異なり，圧力により融点が降下しているため，そもそも凍結することはない．よって，低温下で圧力操作を行えば，確実に過冷却凍結と同様な凍結を再現することが可能となる．通常の伝熱では再現不能な速度で凍結が進行し，微細な結晶が生じる点で圧力移動凍結と過冷却凍結は類似しているといえる．

2・3　過冷却凍結法

1）研究の概要

過冷却により微細な氷結晶が生成することは既に明らかではあるが，その詳細については不明な点が多い．本研究では，過冷却を経由して食品を凍結する際の特徴を明らかにするため，①過冷却の程度と氷結晶サイズの関係や試料内における氷の分布の仕方，②過冷却解消直後から凍結完了までの冷却速度が氷結晶サイズに及ぼす影響，③過冷却凍結が保存時における氷結晶の粗大化に及ぼす影響について，豆腐およびマグロを試料として研究をおこなった．その結果，①過冷却の程度に応じて氷結晶は微細となり，その分布は試料内の位置によらず均一となること．また，②過冷却後に生じた氷結晶はその後の冷却速度にはよらず，凍結完了まで緩慢に冷却した場合であっても著しい成長は見られないこと．さらには，③保存中における氷結晶の粗大化についても抑制傾向にあることなど，過冷却凍結の特徴と有効性について新たな知見が得られたので報告する．

2）過冷却凍結の方法

本研究では冷却速度の設定も可能な汎用インキュベーターを用いて過冷却凍結を行った．試料は予め水分を拭き取り，乾燥防止のためにポリエチレンフィルムで包んで凍結した．また，全ての試料の中心部には熱電対を挿入し，温度履歴と過冷却解消温度の計測を行った．冷却方法については一定温度（−10℃付近）または庫内空気の冷却速度を−1～−5℃ /h に設定したインキュベーターに，5℃程度の試料を入れ過冷却状態とした．また，任意の温度で過冷却を解消させる際には，液体窒素で冷やした針を直接試料に接触させて凍結を開始させるか，冷却速度を−10～−20℃/h 程度に変更することで強制的に過冷却を解消させた．

2・4　過冷却の程度と氷結晶の状態

1）豆　腐

図7・10に過冷却凍結を行った豆腐の解凍後の断面写真を示す．−2℃で過冷却が解消した試料は針状または層状の空隙が観察され，そこに粗大な氷結晶が生じていたことが確認できる．一方，−4℃および−6℃で過冷却が解消した試料については顕著な空隙は観察されず，外観上は未凍結試料と大きな違いはな

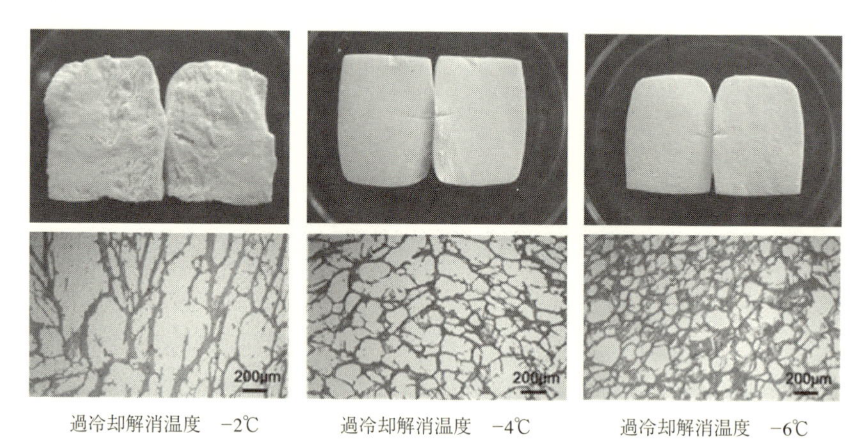

過冷却解消温度　−2℃　　過冷却解消温度　−4℃　　過冷却解消温度　−6℃

図 7·10　過冷却凍結を行った豆腐の断面写真と光学顕微鏡写真
（上段：断面写真，下段：光学顕微鏡写真）

かった．更に詳細な観察をするため，氷結晶迅速観察法[32]にて試料作製を行い，表面および中央部断面を光学顕微鏡で観察した[33]（図 7・10，口絵 10）．いずれの写真も白色部分が氷結晶に相当する．全体的な傾向としては，低い温度まで過冷却すると氷結晶は微細となり，形状は球形に近づくことが確認された．また，過冷却解消温度の低下とともに表面と中央部の氷結晶のサイズ差は小さくなり，試料全体に均質な氷結晶が分布していることも確認された．このように凍結対象物の部位を問わず，均一で微細な氷結晶を生成させることは表面から熱伝導で冷却するこれまでの凍結法では困難であり，過冷却凍結の特徴の一つといえる．

2）マグロ

魚肉は組織構造を有するため，生じる氷結晶は豆腐と異なることが予想される．そこで冷凍流通が一般的なクロマグロを試料として，異なる冷却方法（急速，緩慢，過冷却）で凍結を行い，生じた氷結晶を X 線 CT にて観察した[34]．X 線 CT とは，X 線透過画像の再構成処理により試料の内部構造を立体的に観察することが可能な装置である．これにより非破壊でありながら，詳細な 3 次元情報が得られる．なお，本研究で使用した装置は氷結晶の直接観察が困難であるため，凍結乾燥後の乾燥物を試料とし，昇華後の空壁を氷結晶として観察を行った．筋繊維に垂直方向（横断面）と平行方向（縦断面）の断層像を図 7・11 に示す．画像はいず

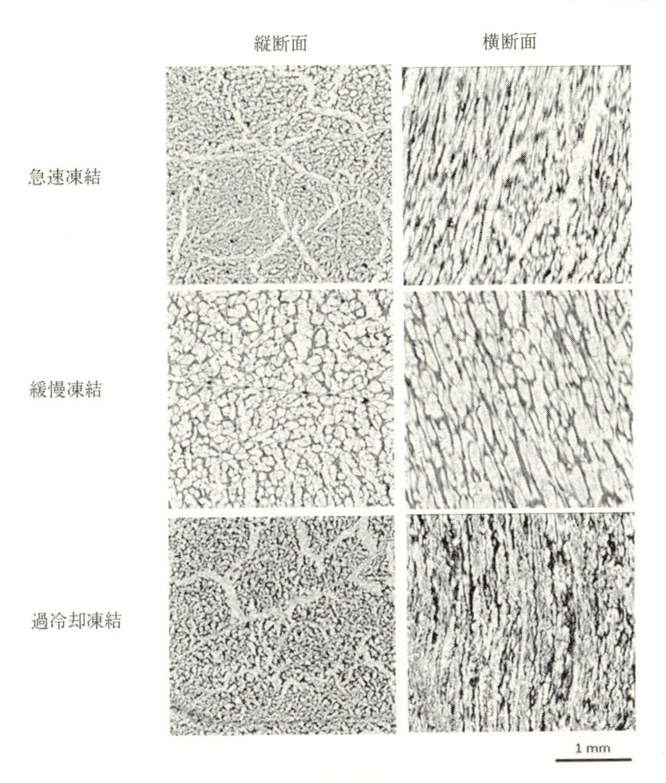

図 7·11　異なる冷却方法で凍結したマグロの X 線 CT 画像
（左：横断面，右：縦断面）

れも白色部分が氷結晶となる．まず，横断面について氷結晶サイズを比較すると，過冷却試料の氷結晶は急速凍結試料と同等に微細であるが，その差は小さく，結晶形状についても明確な差を確認することはできない．また縦断面の画像を見ると，いずれの冷却条件も筋繊維に沿って細長い柱状の氷結晶が生成しているが，その幅は急速凍結試料に比べて過冷却試料の方が小さい傾向にあった．よって，マグロのように細胞構造をもつ試料の場合であっても，過冷却凍結は氷結晶の微細化に対して有効な凍結方法であることが明らかとなった．しかしながら，冷却方法の違いが氷結晶サイズに与える影響は豆腐と比べ小さく，また筋繊維に沿って氷結晶が生成するなどの特徴も見られた．このことから，組織を有する食品に生じる氷結晶には，豆腐などとは異なり過冷却の有無などの条件に加え，過冷却

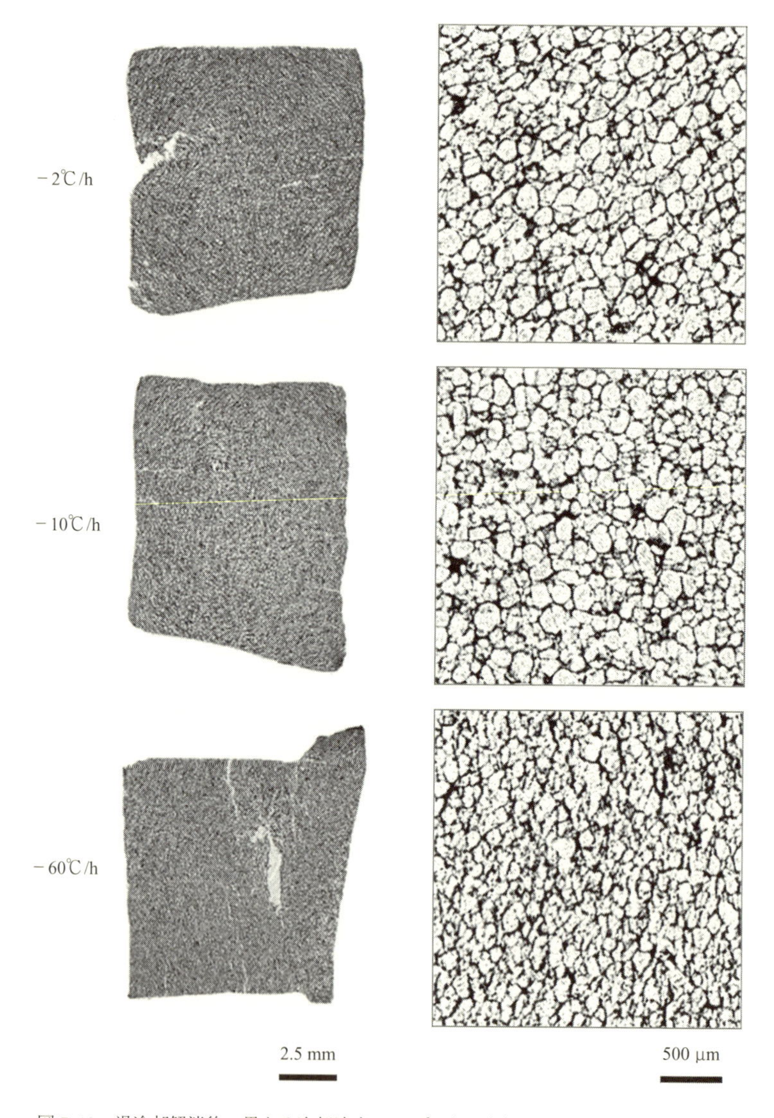

図 7·12　過冷却解消後，異なる冷却速度で −40℃ まで冷却した豆腐の X 線 CT 画像

解消後の冷却温度，凍結対象物の組織構造も強く影響することが示唆された．

2・5　過冷却解消後の冷却速度と氷結晶の状態

過冷却が解消するとその直後から微細な氷結晶が多数生成するが，その時点で凍結は完了しておらず，その後の冷却過程で凍結は進行しているものと考えられる．したがって，過冷却解消直後から凍結が完了するまでの冷却速度の差異も氷結晶のサイズに影響を及ぼすことは十分に予想される．そこで，過冷却解消温度を－6.5℃前後に揃え，異なる冷却速度（－2，－10，－60℃/h）で－40℃まで豆腐を冷却した際の氷結晶をX線CTにて観察した（図7・12）．その結果，過冷却解消後の冷却速度が遅くなるにしたがい，氷結晶サイズは若干大きくなる傾向にあるがその差はほとんどなく，過冷却解消後の冷却速度が氷結晶サイズに及ぼす影響は小さいことが明らかとなった．食品の凍結率は温度の低下，すなわち氷結晶の成長とともに増加する．過冷却解消後に氷結晶が生成すると試料内に凍結濃縮相を生じることになるが，このような濃縮相内の水が氷結晶に取り込まれる過程において，冷却速度が及ぼす影響は小さい可能性がある．いずれにせよ，冷却速度の影響が少なかったことは過冷却の有無が解凍後の品質を左右していることになる．したがって，一連の凍結過程で急速冷却を考慮しなくてもよい過冷却凍結は，これまでの凍結方法とは異なる新たな凍結方法として期待できることが明らかとなった．

2・6　過冷却凍結が再結晶化に及ぼす影響

食品内に生じた氷結晶は融点以下にあっても消滅と成長を繰り返している．そのため，冷凍保存中の氷結晶は少しずつ粗大化することになる．再結晶化のメカニズムについては複数のパターンが示されているが[35]，いずれの場合も氷結晶のサイズや表面状態に依存する蒸気圧の差が粗大化の駆動力となっている．しかしながら，過冷却凍結を行えば氷結晶の形状は微細で均一となるため，結晶のサイズ差に伴う蒸気圧差は小さくなり，再結晶化は抑制されることが予想される．そこで，異なる冷却方法(急速，過冷却)で豆腐を凍結し，－30℃で保存した後の氷結晶のサイズ変化をX線CTにて観察した．図7・13に各冷却方法で凍結後，22日および53日間保存した豆腐のX線CT画像を示す．急速凍結試料は凍結直後から粗大な氷結晶が生じており，異なるサイズの氷結晶が試料内に不均一に分布していることが確認できる．また，保存後の氷結晶のサイ

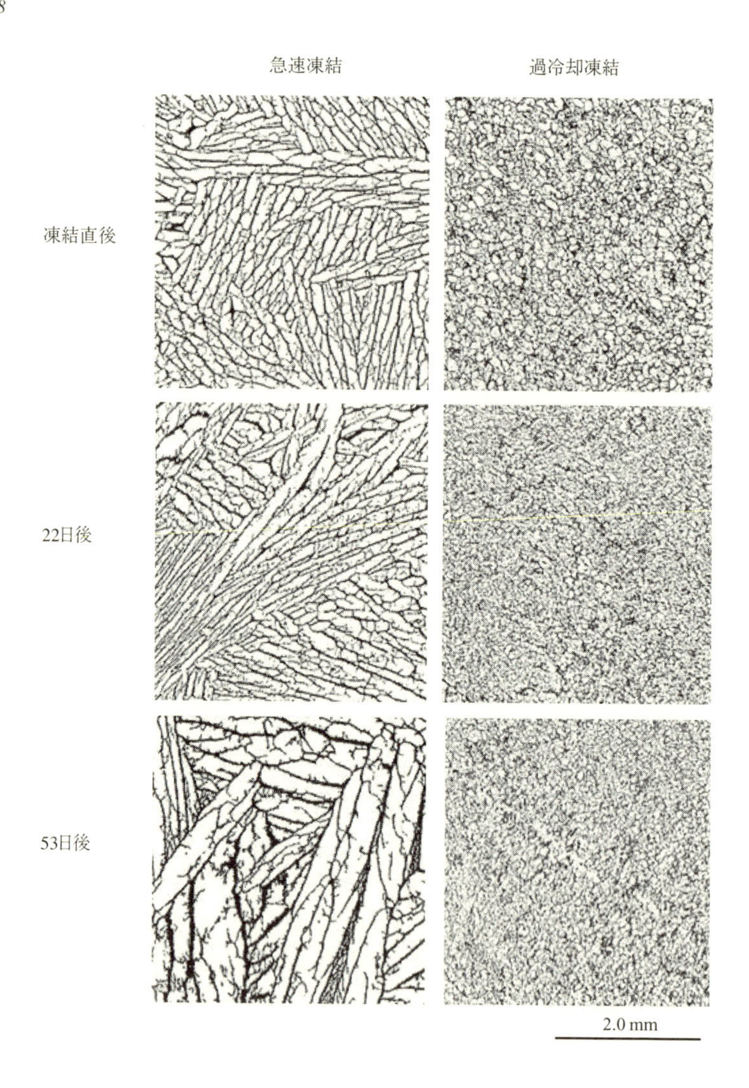

図 7·13　異なる冷却方法で凍結後，－30℃で保存した豆腐の X 線 CT 画像

ズは保存期間とともに粗大化しており，保存前の段階で粗大な部分ほど再結晶化の影響を強く受ける傾向にあった．一方，過冷却凍結試料は凍結直後から保存後に至るまで氷結晶は微細であり，その分布も均一であることが確認された．さらに詳細に過冷却凍結試料の再結晶化の過程を評価するため，図 7・13 の画像

解析から氷結晶の円相当半径を求め，この平均値と保存期間の関係を調べた．その結果，急速凍結試料では保存とともに円相当半径は増加するが，過冷却凍結試料では明確な増加は見られなかった．また，保存期間の異なる試料の円相当半径の平均値と過冷却解消温度の関係を調べてみても，氷結晶のサイズは保存期間にはよらず，過冷却解消温度が低いほど，円相当半径も小さくなる傾向が得られた．このことから，初期の氷結晶サイズが微細かつ均質となる過冷却凍結は，保存時の再結晶化を抑制する上でも有効な凍結方法であることが確認された．

2・7　まとめ

過冷却凍結は冷却時に生じる氷結晶の微細化のみならず，過冷却解消後の結晶成長や保存時における再結晶化についても抑制する傾向にあった．すなわち，過冷却凍結は，凍結時から保存時に至るまでの一連の過程に対し，高品位な凍結が可能な方法として期待できることが明らかとなった．

文　献

1） Hagiwara T, Hayashi R, Suzuki T, Takai R. Fractal analysis of ice crystals in frozen fish meat. *Jpn. J. Food Eng.* 2003；4：11-16.

2） Raymond JA, DeVries AL. Adsorption inhibition as a mechanism of freezing resistance in polar fishes. *Proc. Natl. Acad. Sci. USA* 1977；74：2589-2593.

3） 田中正太郎，小橋川敬博，三浦和紀，西宮佳志，三浦　愛，津田　栄．不凍タンパク質．生物物理 2003；43：130-135.

4） Feeney RE, Yeh Y. Antifreeze proteins; Current status and possible food uses. *Trends in Food Sci. Technol.* 1998；9：102-106.

5） Griffith M, Ewart KV. Antifreeze proteins and their potential use in frozen foods. *Biotechnology Advances,* 1995；13：375-402.

6） Griffith M, Yaish MWF. Antifreeze proteins in overwintering plants: a tale of two activities. *Trends in Plant Sci.* 2004；9：399-405.

7） Graether SP, Kuiper MJ, Gagné SM, Walker VK, Jia Z, Sykes BD, Davies PL. *β*-Helix structure and ice-binding properties of a hyperactive antifreeze protein from an insect. *Nature* 2000；406：325-328.

8） Regand A, Goff D. Freezing and ice recrystallization properties of sucrose solutions containing ice structuring proteins from cold-acclimated winter wheat grass extract. *J. Food Sci.* 2005；70：552-556.

9） 西宮佳志，三重安弘，平野　悠，近藤英昌，三浦　愛，津田　栄．不凍タンパク質の大量精製と新たな応用開拓．*Synthesiology* 2008；1：7-14.

10） Fennema OR, Powrie WD (eds.). *Low-Temperature Preservation of Foods and Living Matter*, Marcel Dekker. 1973.

11） DeVries AL, Wohlschlag DE. Freezing resistance in some Antarctic fishes. *Science*

1969; 163: 1073-1075.

12) Liou YC, Tocilj A, Davies PL. Mimicry of ice structure by surface hydroxyls and water of a β-helix antifreeze protein. *Nature*2000；406：322-324.

13) Moskin J. Creamy, healthier ice cream? What's the catch? *New York Times* 2006; July 26.

14) Tsuda S, Miura A. Antifreeze proteins from fishes. *Japanese patent* 2004; P2004-83546A.

15) Takaragawa A, Araki N. Application of antifreeze protein from Japanese radish sprout in food preservation under frozen conditions. *Refrigeration* 2012；87：712-715.

16) Obata H, Kawahara H, Fukuoka J. Extract having antifreeze activity from Japanese radish sprout and its methods for production and utilization. *Japanese patent* 2007；P2007-153834A.

17) 萩原知明. 不凍タンパク質の再結晶化抑制の実際. 冷凍 2011；86：562-568.

18) Lifshitz IM. Slyozov VV. The kinetics of precipitation from supersaturated solid solutions. *J. Phys. Chem. Solids* 1961；19：35-50.

19) 高橋幸幹, 田口堯麻呂, 宮城晃太, 大瀧恵莉, 﨑山高明, 萩原知明. 東北産水産物からの不凍タンパク質（AFP）の探索. 日本冷凍空調学会論文集 2015；32：183-187.

20) 田口尭麻呂, 高橋幸幹, 﨑山高明, 萩原知明. 東北産マダラ由来不凍タンパク質（AFP）の特性解析と中間精製. 日本冷凍空調学会論文集 2015；32：189-193.

21) F.フランクス. 第2章氷点下の水の物理「低温の生物物理と生化学」北海道大学図書刊行会, 札幌. 1989；25-39.

22) Thomas EH. A Laboratory Investigation of Droplet Freezing. *Journal of meteorology.* 1961；18：766-776.

23) Rasmussen DH, Mackenzie AP. In Water Structure at the Water Polymer Interface; Jellinek HHG, Ed.; Plenum Press: New York, 1972；126-145.

24) Kimizuka N, Suzuki T. Supercoolimg Behavior in Aqueous Solutions. *Journal of Physical Chemistry B.*2007；111：2268-2273.

25) アサヒ飲料. 過冷却「三ツ矢サイダー」「ワンダ」に新機軸など. *Beverage Japan.* 2014；37（6）：5-6.

26) 田中武夫. 第2章0℃以下のチルド流通への動き「水産学シリーズ63魚のスーパーチリング」（小嶋秩夫編）日本水産学会 1986；23-38.

27) 小国盛稔, 猪上徳雄, 大井嘉代子, 信濃晴雄. コイミオシンBの−8℃凍結貯蔵および−8℃過冷却貯蔵中の変性. 日水誌 1987；53（5）：789-794.

28) 渡辺尚彦. 第4章凍結と解凍「食品工学基礎講座5加熱と冷却」（矢野俊正, 桐栄良三　監修）光琳, 1991：111-180.

29) Miyawaki, O., Abe, T. & Yano, T. Freezing and Ice Structure Formed in Protein Gels. *Bioscience, Biotechnology, and Biochemistry.* 1992；56：953-957.

30) Simoyamada M, Tomatsu K, Watanabe K. Effect of Precooling Step on Formation of Soymilk Freeze-Gel. *Food science and technology research*1999；5：284-288.

31) 神田幸忠, 青木美千代, 小杉敏行. 圧力移動凍結法による豆腐の凍結とその組織. 日本食品工業学会誌 1992；39（7）：608-614.

32) 高橋朋子, 河野晋治, 篠崎　聰. 低温粘着フィルムを利用した凍結魚肉内氷結晶観察法. 日本冷凍空調学会論文集 2012；29（1）：53-58.

33) 小林りか, 兼坂尚宏, 渡辺　学, 鈴木　徹. 食品凍結時の過冷却現象が氷結晶の形態およびドリップロスに及ぼす影響. 日本冷凍空調学会論文集 2014；31：297-303.

34) Kobayashi R, Kimizuka N, Suzuki T, Watanabe M. Effect of supercooled freezing methods on ice structure observed by X-ray CT. *Int. J. Refrigeration.* 2015；60：270-

278.

35）萩原知明．凍結貯蔵および凍結流通過程における凍結食品中の氷結晶の再結晶化．冷凍 2010；85（996）：37-42.

Ⅲ．水産物の品質評価法の進歩

8章　迅速かつ簡易的な氷結晶・組織観察法

河野晋治[*1]

水産物を含む食品を凍結する際には，組織内部に氷の結晶が形成・成長する．その形状によっては食品自体に大きなダメージを与え，結果的に品質が低下することはよく知られており，食品凍結における問題の一つとされている．魚の可食部の大部分は筋肉組織であり，一般に70～80％前後の水を含んでいるため，産業レベルの凍結プロセスにおいては氷結晶が大きく成長するリスクを含み，品質への影響も受けやすいと推察されている．筋肉組織を緩慢に凍結した場合，細胞外で氷が大きく成長し，物理的なダメージを細胞や組織に与えると考えられており，このような凍結状態を細胞外凍結と呼んでいる[1,2]．対して，急速に凍結した場合，細胞内に微細な氷が形成される細胞内凍結となり，細胞や組織に与える物理的ダメージは少ないと推察されている．このような観察結果をもとにして，凍結水産物の品質劣化防止には急速凍結が最善の方法と考えられている．一方で，Belloら[3]や小南ら[4]は，緩慢に凍結された筋肉細胞内に粗大な氷結晶が形成されることを報告している．これらの結果は先の定説と矛盾する部分があり，現在考えられている説だけでは筋肉組織内の凍結過程は十分に説明できないといえる．

このように凍結魚肉内における氷の形成位置やサイズが細胞・組織へ与える影響が十分に解明されていないにもかかわらず，いつの頃からか氷結晶サイズと品質の関係のみが強調されるようになってきた．しかし，実際には凍結時に形成される氷結晶サイズだけでは凍結水産物の品質は決定されず，氷結晶の再結晶化やタンパク質および脂質の変性など，冷凍貯蔵中の変化も含めた複合的な要因が品質に関与していると推察されている[5,6]（3章，5章，10章参照）．「氷

*1 ㈱前川製作所　技術研究所

結晶サイズが冷凍水産物の品質を支配する主要因である」という偏った情報が一般に広まった理由の一つとしては，氷結晶による細胞への損傷が視覚的にイメージしやすい反面，氷結晶観察や計測といった結果が容易に得られないことが考えられる．すなわち，従来提案されてきた氷結晶観察手法は非常に煩雑かつ長時間の前処理を伴うことから，観察や計測が回避されることが多く，場合によっては実測を伴わず一部の情報をもとにしたイメージのみが用いられてきた．このような偏った情報を是正し，正しい情報を提供するためにも，凍結水産物組織中の諸変化を正確に記述し，凍結による損傷を把握することが重要となる．そのためには，従来提案されている手法に頼らず，より多くの試料を観察・評価することができる新たな手法が必要となってくる．そこで，本章では氷結晶観察手法の歴史について整理するとともに，医学病理学分野で先行的に開発・利用されている低温粘着性を有するフィルム（川本フィルム）を利用した，迅速かつ簡易な氷結晶観察手法[7]について概要を述べる．

§1. 氷結晶観察に関する従来手法

産業レベルでの凍結プロセスにおいて水産物や畜産物などの組織中に形成される氷結晶は，通常の光学顕微鏡で観察可能なサイズであるため，これまで非常に多くの手法が提案されてきた．これらの手法は数多くの観察報告で利用されてきているため，全てを網羅することは困難であるが，筆者が知る限りでは，1923年のKallert[8]による報告で既に凍結置換法の前身となる手法が用いられている．また，冷凍庫内に顕微鏡を持ち込んで観察する手法は1923年のHardyら[9]の報告で利用されているが，それ以前より用いられていた可能性もある．以降，凍結置換法の改良や凍結乾燥法，さらには低温走査型電子顕微鏡Cryo-SEMや冷却ステージを用いた手法が開発されてきた[10,11]．近年では，氷結晶3次元構造を観察する手法として，マイクロスライサスペクトルイメージングシステム[12]やX線CT[13]を用いた検討，さらには非破壊観察手法として放射光X線CTや核磁気共鳴画像装置(MRI)の利用も検討されている．

凍結水産物や凍結畜産物などは，その内部に形成される氷結晶サイズに着目されがちであるが，組織中における氷形成の位置や周辺組織に及ぼす影響を観察・評価することも重要である．凍結水産物における氷結晶観察のための凍結置換法は，医学病理学分野における病理組織顕微鏡標本作製法の拡張手法として1970年代に田中により確立された*2．氷結晶を痕跡としてとらえるこの手法では，サイズや形状を観察・評価できるだけでなく，組織の多重染色も可能であるため，氷結晶が水産物の細胞・組織構造にどのような影響を与えているのかを視覚的に評価することができる．この手法の確立により，水産物の凍結条件と品質などの関係が推察できるようになり，研究手法として多く利用されるようになった．前述したように，氷結晶観察に関して，多くの手法が開発されているにも関わらず，この凍結置換法が用いられる理由としては，コストの低さだけでなく，非常に明瞭な氷観察像が取得できるところにある．しかし一方で，凍結置換法は観察までの試料調製法が非常に煩雑であるとともに，凍結状態にて有機溶剤中に組織を浸漬させ，低温下にて化学固定と同時に氷と溶剤を置換させるため，これらが完了するまでに2～3週間，場合によっては1ヶ月以上要するという欠点も持ち合わせている．

§2. 低温粘着フィルムを用いた氷結晶観察法の検討

本章では，凍結置換法の欠点を補うべく，医学病理学分野で利用されている低温粘着フィルム(川本フィルム)を氷結晶観察に応用した，より迅速かつ簡易な標本作製について検討を行った．

2・1　川本法による組織観察

医学病理学分野では組織観察を利用した研究が古くから行われており，数多くの手法が報告されてきた．その中でも歯や骨に代表される硬組織の顕微鏡標本作製は古くから課題の一つとしてあげられてきた．この問題を解決する手法としてKawamoto[14]はUllberg[15]のテープ薄切法を改良し，迅速かつ容易に硬組織の顕微鏡標本作製が可能な方法を開発した．その後，この方法は硬組織だけでなく様々な生体組織の切片取得法として多用されるようになっている．

2・2　組織固定液の検討

試料の凍結過程において形成される氷結晶が細胞や組織構造に損傷を与えることは冒頭に述べた．当然ながら，川本法で利用する新鮮凍結切片作製の前処理においても，試料サイズや凍結時の温度によっては氷結晶が形成される．こ

*2 田中武夫，小国盛稔：日本水産学会論文集，1979，p103.

れらを極力抑制するために，試料サイズを必要最小限にトリミングを行う，液体窒素や－100℃程度に冷却したヘキサンにて凍結を行う，さらに凍結薄切後に適切な解凍を行うなどの工夫が必要となる．

一方で，魚肉組織中に形成される氷結晶を観察するためには，前処理の段階で氷結晶またはその痕跡の形状やサイズを維持することが重要となり，この点が通常の組織観察と大きく異なる．田中は凍結置換法を氷結晶観察に用いる際に，置換溶媒の種類や温度の影響について，水分量を指標とした置換の程度を調査している[*2]．このように，ある組織観察技術を別の目的で観察に用いる場合，技術適用の可否について事前にいくつかの調査をする必要がある．とくに，氷結晶観察の場合，前処理中に氷が溶解することで氷結晶またはその痕跡が変形し，アーティファクトにつながる恐れがあるため，事前調査を慎重に行う必要がある．

川本法を氷結晶観察法に適用する際に，最も大きな問題となるのは化学固定プロセスであると推察された．すなわち，川本法は凍結薄切片を取得した後に化学固定を行うため，組織が収縮などの変形を受けやすい上，氷結晶の溶解速度と組織固定速度のバランスが崩れると，氷結晶痕が拡大や収縮すると予想された．そこで，川本法を適用するにあたり，まずは固定液の選択や温度の影響について検討を行った．

氷結晶観察のための凍結置換法では，凍結状態において氷が周辺の有機溶剤に溶け出し，同時に溶剤が組織内に滲入し，氷と溶剤を置換させる．すなわち，

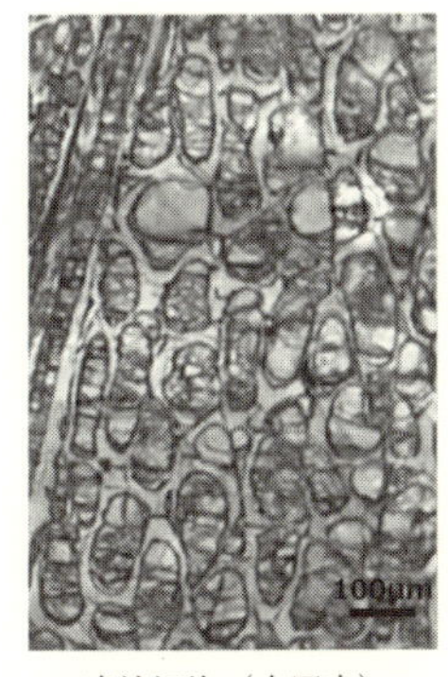

凍結切片（未固定）

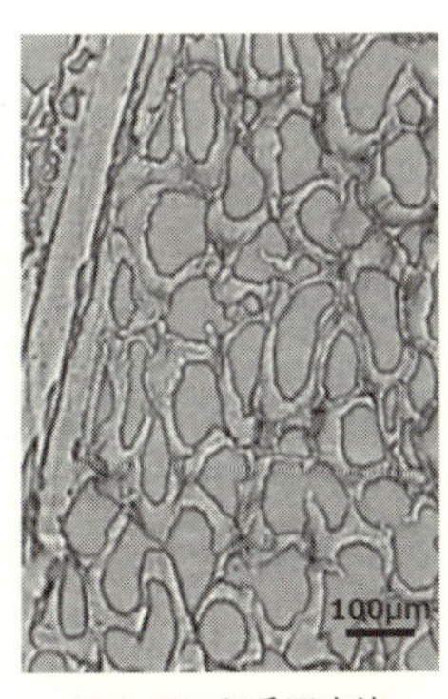

アルデヒド系固定液

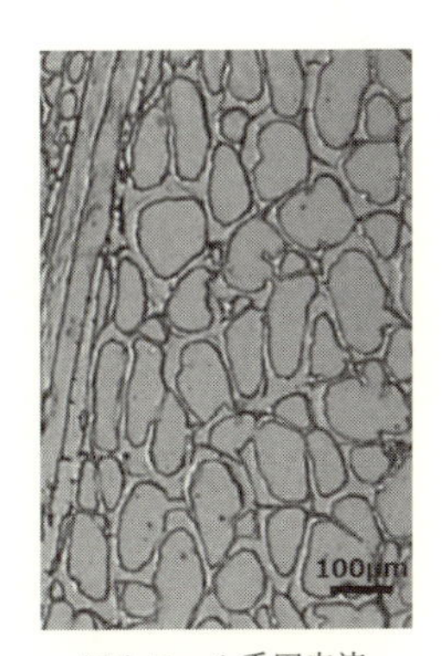

アルコール系固定液

図8·1　凍結メバチ組織固定法の検討

氷の融解と組織固定を同時に行う必要があり，このバランスが極めて重要となる．田中が凍結置換法を氷結晶観察法に適用する際には，有機溶媒の種類や温度の影響について，魚肉から溶出する水分量やメチルレッドの滲入などの調査を行い，置換条件の検討を行っている[16]．したがって，川本法の氷結晶観察への適用の際においても，同様な検討が必要であると考えられた．

川本法における固定液の検討では，その特性を生かし，薄切後の凍結切片を用いた．まずは，凍結メバチを試料とし，凍結切片を取得し，−20℃以下に設定した冷却ステージ上にて顕微鏡観察を行った．これを用いて，いくつかの組織固定液による氷結晶除去と組織固定について検討した結果の一例を図8・1に示す．これらの結果から，組織の復水速度より脱水・固定速度が遅い場合，固定時に組織が水を吸い込むことで組織サイズが大きくなると同時に氷結晶痕跡が収縮する．一方で組織の固定速度より溶媒の脱水速度が速い場合，組織から脱水が生じると同時に氷結晶痕跡が広がることが示唆された．したがって，これらの変化を注意深く観察するとともに，未固定での氷結晶サイズと固定後の氷結晶痕跡サイズを比較し，変化を定量的に把握することが必要となる．

図8・1の画像から氷結晶および氷結晶痕跡を抽出し，未固定切片の氷結晶に対し，それぞれの組織固定液がどの程度影響を及ぼしたかについて氷結晶平均面積変化率として算出した(表8・1)．これらの結果より，アルデヒド系固定液は脱水・固定速度が遅いため氷結晶痕が小さくなっていることが示された．したがって，これらの固定液では氷結晶を正確に計測することはできないと判断された．一方で，アルコール系固定液処理では氷結晶痕が未固定切片の氷結晶とほぼ同等の形状を示し，平均面積変化率もほとんど変化しないことがわかった．すなわち，凍結メバチ筋肉組織の化学固定にはアルコール系固定液が適していることが明らかとなった．試料の種類によって固定液に対する影響は異なるため，全ての水産物に共通する固定液はなく，それぞれの試料に適切な固定液を選択する必要があると考えられる．また，従来の組織固定法は各研究室の伝統や好みが色濃く反映されているといわれている

表8・1　氷結晶痕の平均面積変化率

固定液	平均面積変化率(%)
アルデヒド系固定液	−34.0
アルコール系固定液	0.7

が，作業者や環境への影響も配慮した固定液の選択も必要となるであろう．

2・3　凍結置換法との比較

低温粘着フィルムを用いた氷結晶観察法と従来法の凍結置換法のそれぞれで得られる氷結晶形状を比較するため，凍結メバチの同一個体かつ隣接する組織片からそれぞれの手法にて観察標本を作製した．

図8・2に一般的によく用いられる凍結魚肉組織観察のための標本作製法を示す[17]．試料によって大きく異なるが，従来法の凍結置換法では観察標本の作製に2週間から1ヶ月近く要する．これは，試料サイズや固定液の種類，また凍結置換温度に大きく依存する．図8・3に低温粘着フィルムを用いた標本作製方法を示す．凍結メバチを試料としたので，凍結切片厚は5～10μmの間とし，化学固定にはアルコール系固定液を用いた．また，ここで注意すべき点として，化学固定が不十分であった場合には，染色中に組織が変形することがある．したがって，化学固定が十分行われているかどうかを事前に確認する必要がある．

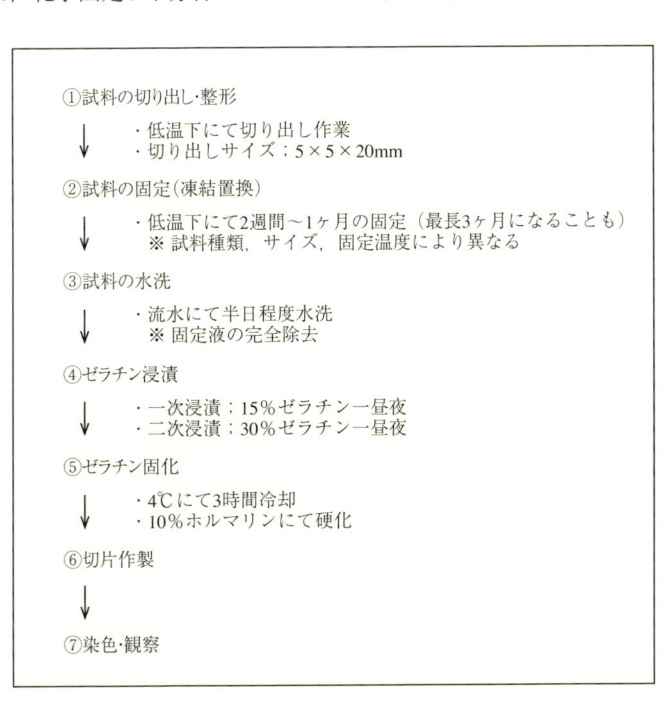

図8･2　凍結置換法による氷結晶観察標本の作製手順

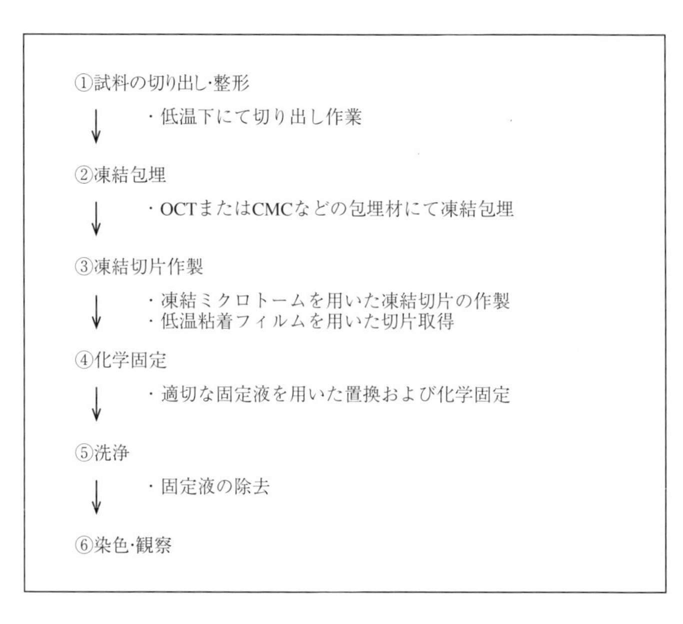

図 8·3　低温粘着フィルムを用いた氷結晶観察標本の作製手順

また，一般に新鮮凍結切片法で得られた組織片の染色性は，脱水包埋した試料より優れているといわれており，本法にて作製した組織片も新鮮凍結切片と同程度の染色時間で十分であった．適切な手順にて本手法を用いることで，氷結晶観察用組織標本の作製，すなわち試料の切り出しから顕微鏡観察までが 20 ～ 30 分程度で可能となる．

これら二つの手法によって作製された組織標本について，顕微鏡観察を行い，氷結晶痕の形状比較を行った．その結果を図 8・4 に示す．この結果から，染色性などに若干の差異が見られるが，氷結晶痕については大きな違いは観察されなかった．さらに，図 8・4 で得られた顕微鏡像より氷結晶痕を抽出し，それぞれの手法における氷結晶形態的特徴を算出し比較した(表 8・2)．これらの結果より，低温粘着フィルムを用いた氷結晶痕観察法では，凍結置換法と比較して面積がおよそ 5％小さくなっていたが，形態的特徴を示している長短径比は大きな差を示さなかった．また，凍結置換法は低温下といえども長期間溶媒に浸漬しているため，組織から過度の脱水が生じ，氷結晶痕が大きく広がったことも

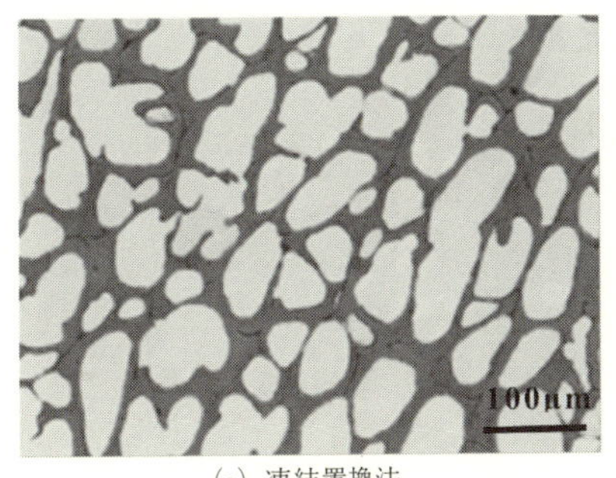

(a) 凍結置換法

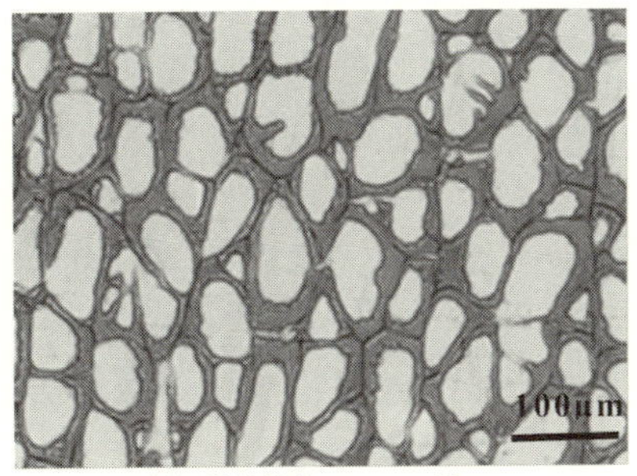

(b) 低温粘着フィルム法

図8·4　各手法による凍結メバチの氷結晶痕観察像（口絵6）

表8・2　各手法を用いた氷結晶痕跡の形態的特徴

	面積[μm^2]		長径[μm]		短径[μm]		長短径比	
	Ave.	*S.D.*	*Ave.*	*S.D.*	*Ave.*	*S.D.*	*Ave.*	*S.D.*
低温粘着フィルム法	4024.9	2624.8	98.0	38.5	61.3	24.0	1.69	0.49
凍結置換法	4217.6	2675.0	97.5	48.7	57.6	27.9	1.74	0.52

示唆された.

いずれにしても，低温粘着フィルム法と凍結置換法では，ほぼ同等の氷結晶観察用標本を作製することが可能であることがわかった．これらの結果より，低温粘着フィルム法を用いた標本作製法は氷結晶観察には十分なクオリティーを有することが示された.

2・4　低温粘着フィルム法の利点

低温粘着フィルム法を氷結晶観察に用いる大きな利点は，前述した通り試料の切り出しから顕微鏡標本作製までを極めて短時間に行うことができる点である．また短時間処理以外にも，他の観察法と比較していくつか利点を有しているため，ここで述べる.

本方法の大きな利点の一つとして，固定後の薄切標本を低温粘着フィルム上にて様々な染色方法が適用可能であることがあげられる．これは川本法の特徴の一つでもあり[18]，氷結晶痕の観察と同時に，例えば多重染色や免疫染色などが可能となり，凍結水産物中に形成された氷結晶が周辺組織にどのような影響

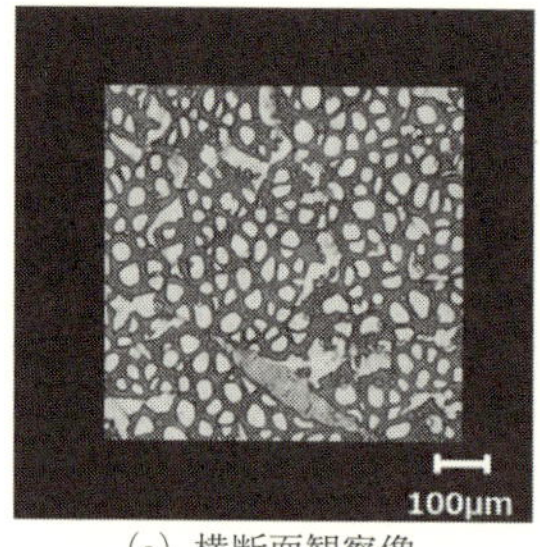

(a) 横断面観察像

(b) 連続画像再構築像

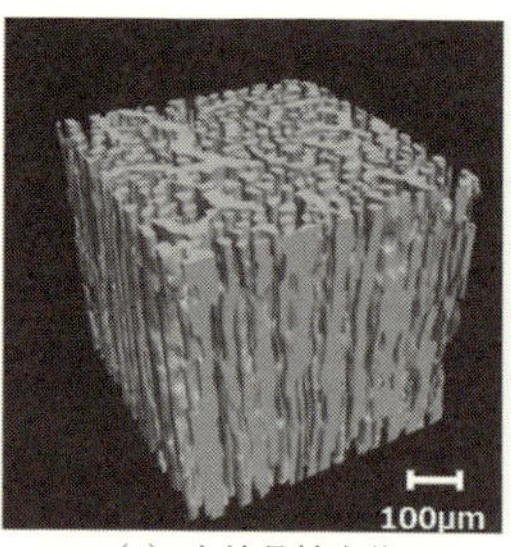

(c) 氷結晶抽出像

図 8･5　凍結メバチ筋肉内に形成された氷結晶の 3 次元再構築像

を与えているかを観察することができる．もう一つの特徴として，低温粘着フィルムを用いた手法は連続組織切片の取得が容易であることがあげられる．得られた連続切片の顕微鏡画像を再構築することにより，容易に氷結晶立体像の作製が可能となる．水産物の筋肉組織に形成される氷結晶観察像の多くは，その見た目や解釈のしやすさから，筋肉繊維に対して横断面の像を示すことが多い．筋肉組織中に形成される氷結晶は筋繊維に沿って成長することが知られているが，当然ながら横断面像のみではこの氷の成長については表すことができない．低温粘着フィルムを用いた組織標本作製法では立体像の取得が容易であることより，図 8・5 に示されるような縦断面の連続観察像の再構築が可能となり，立体的に氷結晶形状を示すことで氷の成長方向やその大きさ，さらには周辺組織へ与える影響など同時に観察することができる．

§3. まとめ

近年では，特殊な設備や装置を用いて氷結晶そのものを観察・評価する研究が多くなされている．しかし，凍結水産物の氷結晶評価において，組織中のどの位置に氷が形成され，それによって周辺組織がどのような影響・損傷を受けているかを評価することが重要である。本手法では，氷結晶サイズの計測・評価だけでなく，周辺組織の観察・評価も可能となる．これまでに数多くの氷結晶観察手法が提案されており，それぞれに利点や欠点が存在する．したがって，それぞれの研究目的や利用できる設備にあわせて最適な氷結晶観察手法を選択すべきであり，本章で紹介した手法もこれらの選択肢の一つになると考えている．

文　献

1） 加藤舜郎．細胞内と細胞外凍結．「食品冷凍の理論と応用」光琳．1966；354-365.

2） 鈴木　徹．食品冷凍総論．「新版 食品冷凍技術」（新版 食品冷凍技術編集委員会）社団法人日本冷凍空調学会．2009；1-17.

3） Bello RA, Luft JH, Pigott GM. Ultrastructural study of skeletal fish muscle after freezing at different rates. *J. Food Sci.* 1982；47：1389-1394.

4） 小南友里，渡辺　学，鈴木　徹．魚類筋肉組織の死後変化が凍結時の氷結晶生成に及ぼす影響．日本冷凍空調学会論文集 2014；31：47-56.

5） 福田　裕．魚肉の品質に及ぼす冷凍条件の影響．冷凍 1986；61：18-29.

6） 福田　裕，柞木田善治，川村　満，掛端甲一，新井健一．凍結および貯蔵によるマサバ筋原繊維タンパク質の変性．日水誌 1982；48：1627-1632.

7） 河野晋治，高橋朋子，篠崎　聰．低温粘着フィルムを利用した凍結魚肉内氷結晶観察法．日本冷凍空調学会論文集 2012；29：53-58.

8） Kallert E. The behavior of the existing freeze meat in muscle tissue changes during thawing, *Journal of meat and milk hygiene* 1923；34：41-45（in German）.

9） Hardy WB. A microscopic study of the freezing of gel. *Proc. Roy. Soc. A* 1926；112：47-61.

10） Caldwell KB, Goff HD and Stanley WD. A low-temperature scanning electron microscopy study of ice cream. Techniques and general microstructure. *Food structure* 1992；11：1-9.

11） Donhowe P, Hartel W and Bradlsy L. Determination of ice crystal size distribution in frozen desserts. *J. Dairy Sci.* 1991；74：3334-3344.

12） Do GS, Sagara Y, Tabata M, Kudoh K, Higuchi T. Three-dimensional measurement of ice crystals in frozen beef with a micro-slicer image processing system. *Int. J. Refrigeration* 2004；27：184-190.

13） Mousavi R, Miri T, Cox PW, Fryer PJ. Imaging food freezing using X-ray microtomography. *Int. J. Food Sci. Tech.* 2007；42：714-727.

14） Kawamoto T. Light Microscopic autoradiography for study of early changes in the distribution of water-soluble materials. *J. Histo. Cryochem.* 1990；38：1805-1814.

15） Ulleberg S. Studies on distribution and fate of s35-labelled benzylpenicillin in body. *Acta. Radiol. Suppl.* 1954；118：1-100

16） 田中武夫．凍結食品における氷の問題．冷凍 1999；74：65-70.

17） 鈴木　徹．凍結食品内氷結晶観察のための凍結置換法．冷凍 2008；83：143-148.

18） 川本忠文，清水正春．成熟ラット硬組織の未固定非脱灰切片の作製法．*J. Hard Tissue Biol.* 1998；7：5-12.

9章　タンパク質変性の評価法

今野久仁彦[*1]・井ノ原康太[*2]

§1. 筋肉タンパク質変性の評価法

凍結で貯蔵することで品質劣化を最大に抑え，品質を維持した成功例は練り製品の中間素材であるスケトウダラの冷凍すり身（口絵2）であろう．この際，ゲル形成を担う筋肉タンパク質ミオシンの変性を抑制するために糖類が添加される．一般的に，−20℃貯蔵で，2年の品質保証期間が設定されている．一方，魚体そのまま，あるいはフィレの形態で流通している凍結品の量は増えている．この場合，魚肉タンパク質の安定化の目的で添加物を加えることは不可能であり，凍結貯蔵温度を低下させ，タンパク質変性速度を小さくする方策がとられる．この好例は冷凍マグロである．遠洋はえ縄で漁獲されたマグロは市場への水揚げまでの期間，品質を落とさないように−60℃で凍結貯蔵される．この事実は冷凍魚肉の品質は冷凍貯蔵温度を規定することで維持できることを示唆している．本章では，魚肉の品質に直結するミオシンの変性指標について述べる．

1・1　これまで使用されてきたミオシンの凍結変性検出指標

魚肉の凍結貯蔵を考えるとき，凍結方法(凍結温度および凍結速度)と凍結後の貯蔵温度のうちどちらがより重要かが議論される。この問題に明瞭な答えを出したのが福田らの研究である．1982年，マサバの落し身を凍結温度，凍結速度，貯蔵温度を様々に変化させ凍結し，貯蔵中のミオシン変性を丁寧に追跡した[1)](図3・6)．−40℃で凍結しても，−20℃で貯蔵すれば，−20℃で凍結させたものとミオシンの変性程度に差がなかった．この結果は，ミオシンの変性程度は主に貯蔵温度により決定され，凍結の影響は小さいことを示している．この研究ではミオシン変性は凍結魚肉から調製した筋原線維(Mf)の Ca^{2+}-ATPase活性から議論されている．本指標は，すり身の品質指標として使用されている[2,3)]．

魚肉そのものを使用した研究では定量的な解析が難しく，基礎研究の多くは，

*1 北海道大学大学院水産科学研究院
*2 鹿児島大学大学院連合農学研究科，現　日本水産株式会社中央研究所

アクトミオシンやMfを用いた例が多い[4-10]．特に，糖類，糖アルコール，アミノ酸などの添加物によるミオシン凍結変性抑制作用は，Mfを筋肉モデルとして研究が推進された[4,5]．ミオシンは多機能タンパク質であるので，いかなる性質も変性検出の指標になりうる。それらの性質のうち，ミオシンのもつATPaseの失活が定量的かつ鋭敏であるため，指標として広く用いられてきた．本章では，まずモデルとしてMfを用い，ミオシンの凍結変性を広く用いられてきたATPaseに加え種々の指標を用いて追跡するとともに，同時にアクチンの変性にも注目した．さらに，モデルであるMfの結果は魚肉そのものを凍結貯蔵した際のミオシン変性を再現しているのかについても議論する．

1・2　筋原線維の凍結貯蔵中のミオシン変性

Mfは，そのミオシンおよびアクチンの配置，状態が魚肉中のままに維持されることから，筋肉モデルとして利用されてきた．たとえば，魚種によるミオシンの熱安定性の違い[11]，アクチンによるミオシンの安定化[12]，高濃度の中性塩添加によるアクチン変性とミオシン安定化作用の消失[13]などの重要な発見はMfを用いて見出されたものである．Mfは魚肉の凍結変性のモデルとしても使用され，各種化合物のミオシン変性抑制効果などが明らかにされている[4,5]．0.6 M KClで抽出して得られるアクトミオシンの場合は，−10℃付近で顕著な塩濃縮で，アクチンが変性し，ミオシン変性が促進される[8-10]．

Mfの加熱によるミオシン変性はCa^{2+}-ATPase失活に加え，塩溶解性の消失，硫安分画法を用いたミオシンの凝集の進行（単量体ミオシン量の減少）が指標として用いられた．そこで，ヒラメMf(0.1 M NaCl, pH 7.5)を凍結貯蔵したときのこれらの変化を追跡した．ATPase失活は速やかに進行するのに，塩溶解性はこの間高く維持された(図9・1)．ミオシンが塩溶解性の性質を示すのはミオシン分子の尾部(Rod)の性質によるので，Mf凍結では尾部の変性が進行しないことが予想された．そこで，Rodの変性の進行の有無について，タンパク質の立体構造の変化を敏感に反映するキモトリプシン消化法を採用した．未変性タンパク質では疎水性アミノ酸は，内部に埋もれるようにして存在している．一旦変性がおこれば，構造変化が起こり疎水性アミノ酸の露出が起こる．この変化を疎水性アミノ酸を切断するキモトリプシンが認識できるという原理である．この原理を凍結ヒラメMfに応用し，ミオシン頭部と尾部に起きている変性を知ることに

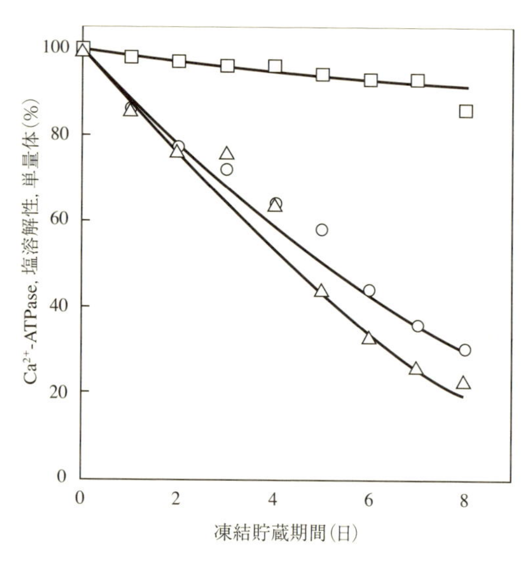

図9·1 ヒラメ Mf の凍結によるミオシン変性
Mf 凍結に伴うミオシン変性を Ca^{2+}-ATPase (○), 塩溶解性 (□), 単量体ミオシン量 (△) の低下から追跡した.

した（図9・2）[14]. ATPase 失活に対応するように, 活性部位を含むミオシン頭部 S-1 の減少が進行している. すなわち, 凍結により変性したミオシンの S-1 内部で切断が起こっていることがわかる. それに対し, ミオシンの尾部由来の Rod の生成量は凍結してもほとんど減少せず, 凍結 Mf 中のミオシン尾部は変性していないことがわかる. これが, 塩溶解性を維持している理由である.

凍結 Mf の消化パターンから思いがけない事実を見出した. それはアクチンバンドの消失である(図9・2). キモトリプシンはミオシンに限らず, どんなタンパク質であっても切断場所が露出すれば, その部位で切断してしまう性質がある. キモトリプシン消化法は Mf の酸処理で検出されたアクチン変性においてすでに用いられている[15]. 思いがけなく凍結 Mf 中のアクチン変性を検出したのである. アクチンは非常に安定なタンパク質として知られ, 事実, 加熱 Mf を消化すると, ミオシンからの S-1, Rod 生成量の大きな減少が認められるのに対し, アクチンバンドの減少は全く起こらない. また, Mf 中のアクチンは高濃度の塩により変性が起きるが, 0.1 M NaCl のような生理的な塩濃度下では起こらないといわれてきた. そこで, アクチン変性を別の方法で確認した. 未変性のアクチンは生理

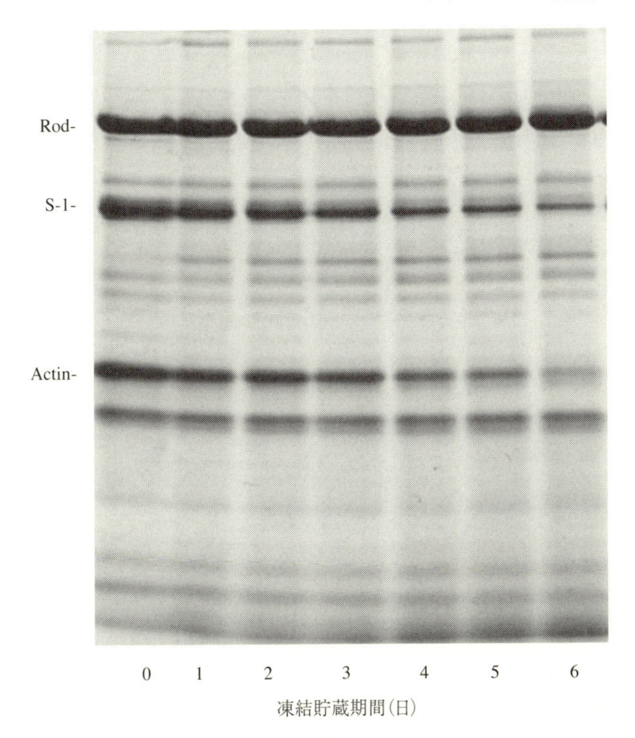

図9·2　ヒラメMfの凍結によるミオシンおよびアクチン変性
−20℃で凍結貯蔵したヒラメMfをキモトリプシン消化し，消化パターンの変化を追跡した．ミオシン分子内のS-1およびRod部分の変性，また，アクチンバンドに大きな変化が認められる．

的条件でフィラメント状のF-アクチンとして存在しており，ミオシンと強く結合している．それゆえ，Mfを0.1 M NaClの条件で遠心分離すると，アクチンはミオシンと結合したまま沈殿する．しかし，凍結Mfを遠心分離したところ，上澄みにアクチンのほとんどが回収された．もちろん，ミオシンは回収されない．すなわち，F-アクチンが崩壊し，変性G-アクチン(球形アクチン)として水溶性画分に回収されたことを意味している．アクチンの塩変性でも，水溶性画分に回収されることが報告されている[16]．

1·3　凍結Mf中のアクチン変性とミオシン変性

凍結ヒラメMfのアクチン変性は，ミオシンがアクチンによる安定化作用を失った状態で変性していることを意味する．これを確かめるため，アクチンの

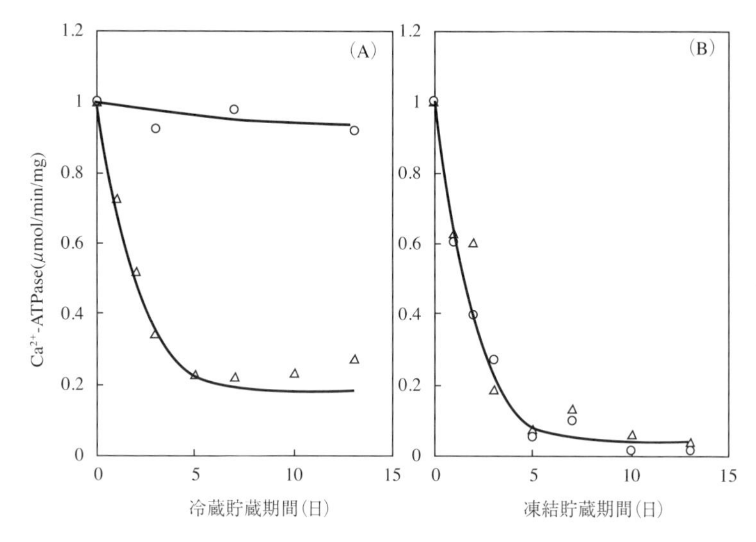

図 9·3　Mf 凍結貯蔵中のアクチンによるミオシンの安定化作用の消失
ヒラメ Mf(○)とそれから調製したミオシン(△)を 0.1 M NaCl, pH 7.5 の条件で氷冷下(A)および－20℃(B)で貯蔵し，Ca^{2+}-ATPase の失活を比較した．

関与を排除した単離ミオシンでの凍結実験を行った．まず，凍結が起こらない氷冷下での Mf とミオシンの ATPase 失活を追跡した(図 9・3A)．不安定な単離ミオシンでは急激な ATPase 失活が起きたが，Mf では 14 日間失活しなかったので，Mf 中ではミオシンはアクチンにより安定化されていることを確認した．これに対して，－20°C で凍結保蔵した場合（図 9・3B），Mf とミオシンで同じような ATPase 失活が起こったので，Mf 中のミオシンはアクチンによる安定化を受けていないことがわかる．すなわちアクチン変性がミオシン変性を律速していることが推察された．

また，魚類ではなくクルマエビ Mf の凍結でも同様なアクチン変性が認められるので [17]，Mf の凍結によるアクチン変性は普遍的な現象であるようだ．

1・4　Mf 凍結によるアクチンの各種化合物による変性抑制

これまで Mf を用いてミオシンの凍結変性に対する各種化合物の抑制作用が ATPase 失活を指標に丁寧に検討されている．これらの研究ではアクチンが変性することを想定していない．そこで，ミオシン変性を抑制するために添加された各種化合物がアクチン変性も抑制しているのかを再検討した．ミオシンの変

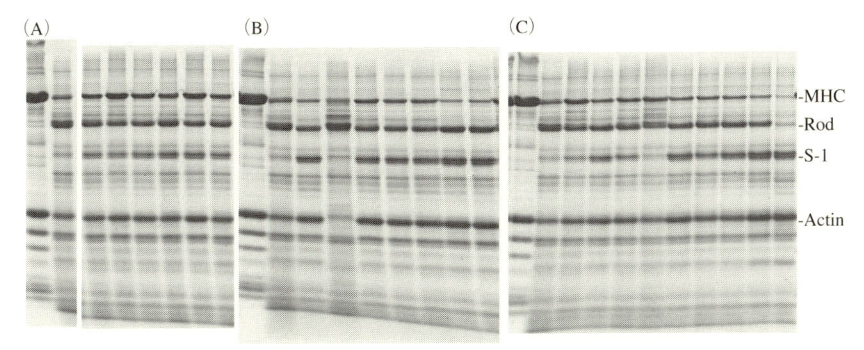

図9·4　ヒラメ Mf の凍結によるミオシンおよびアクチン変性に対する各種化合物の変性抑制作用
ヒラメ Mf（0.1 M NaCl, pH 7.5）に 50 mM になるようにそれぞれの化合物を添加し，－20℃で28日間凍結した．ミオシンおよびアクチン変性をキモトリプシン消化から解析した．用いた糖類（A），アミノ酸類（B），および有機酸塩（C）は以下のとおりである．グルコース（a），ソルビトール（b），トレハロース（c），マルトース（d），マルチトール（e），スクロース（f），グリシン（g），グリシンエチルエステル（h），アラニン（i），βアラニン（j），セリン（k），アスパラギン酸 Na（l），グルタミン酸 Na（m），ギ酸 Na（n），酢酸 Na（o），プロピオン酸 Na（p），酪酸 Na（q），グリコール酸 Na（r），乳酸 Na（s），グルコン酸 Na（t），コハク酸 Na（u），クエン酸 Na（v）である．Mf は消化前の試料，No は無添加を示す．

性抑制作用を有する化合物として，糖類，アミノ酸類，有機酸塩類が知られているが，これらにアクチンの凍結変性抑制作用があるかキモトリプシン消化法で検証した(図9・4).すると,糖類のすべてがアクチンの凍結変性を抑制しなかった（図9・4A）．それに対し，多くのアミノ酸，特にグルタミン酸 Na やアスパラギン酸 Na はアクチン変性を強く抑制した（図9・4B）．また，有機酸塩の多くにアクチン変性抑制作用が認められた．特に，クエン酸 Na はグルタミン酸 Na と同程度の強い作用を示した（図9・4C）．これらの結果は，ミオシンを安定化させる化合物がアクチンを安定化させるとは限らないということを示している．また，Mf に高濃度の中性塩を添加したときに起きるアクチン変性は糖類では抑制できないが，クエン酸 Na の添加で強く抑制されることが報告されている[18]．

1・5　塩濃縮による凍結 Mf のアクチン変性

これまでアクチン変性が起こらないと考えられた0.1 M NaCl でも凍結するとアクチン変性が起きることを見出した．この原因が，凍結そのものか，それ

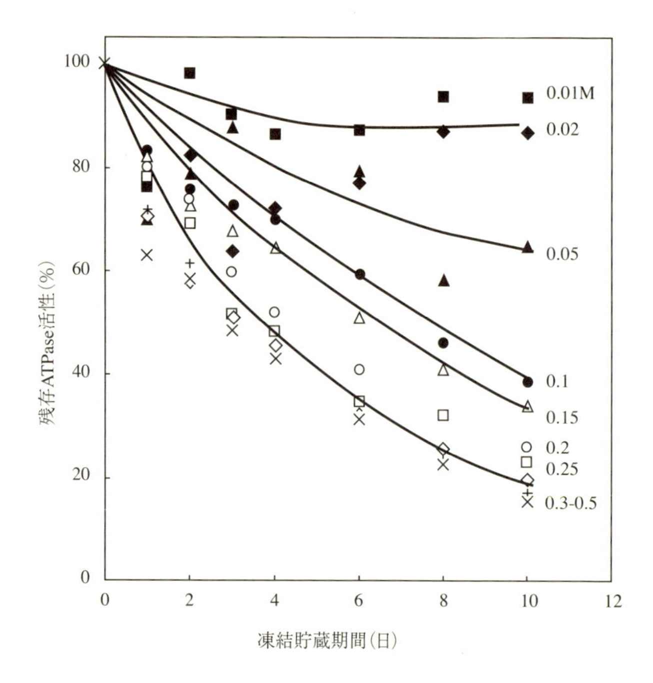

図9·5　ヒラメMf凍結によるアクチン変性に及ぼすNaCl濃度の影響
NaCl濃度が異なるヒラメMf懸濁液を凍結貯蔵し，アクチンが変性することをCa^{2+}-ATPaseの失活促進から解析した．用いたNaCl濃度は図中に示した．

とも塩濃縮によるものかを検討した．NaCl濃度を0.01 Mから0.5 Mまで変化させたMfを凍結し，アクチン変性が起きるか検証した．図9・5にはアクチン変性はATPase失活を律速するという事実に基づき，ATPase失活からアクチン変性を間接的に追跡した．0.1 M NaClで起きていた急激な失活は10～20 mMではほとんど起こらなかった．NaCl濃度を0.1 Mから上げてもATPase失活はさほど変化しないので，0.1 Mでも十分に高いことがわかる．すなわち，生理的な塩濃度下でのMf凍結においても塩濃縮によりアクチン変性が起きることが確認された。

1・6　魚肉そのものの凍結によるミオシン，アクチン変性とMfとの違い

魚肉の凍結でもアクチン変性が起こるのか心配である．そこで，ヒラメ肉を凍結貯蔵し，ミオシンおよびアクチン変性を追跡した．凍結魚肉そのままでは

ミオシン，アクチン変性を解析することはできない．何らかの手段で，「定量的に溶液化」する必要がある．すでに，“マグロヤケ肉”中のミオシン変性を解析するため，魚肉をホモジネートに変換させる方法を開発した[19]．この方法では，魚肉を多量の緩衝液で洗浄後，一定容量の緩衝液中でポリトロンを用いホモジナイズし，均一なホモジネートに変えるという簡単な操作からできている．この方法を用いて，凍結魚肉のATPase活性を測定し，失活を追跡すると，Mfに比べ，非常に緩やかであり（図9・6A，図9・1参照），魚肉におけるATPase失活速度はMfとは異なることがわかる．しかし，ATPaseの失活に遅れて塩溶解性の低下，ミオシン凝集が進行する点（図9・6A）は，Mfとよく似ていた．魚肉の凍結の場合も，ATPase失活が最も先に起きる変化であり，鋭敏なミオシン変性検出指標である．これまで，ミオシン変性の解析にATPaseがいろいろな場面で用いられてきたが，凍結に関しては最も敏感な指標を用いていたわけである．キモトリプシン消化から，S-1はATPaseに対応して減少するが，低下しない塩溶解性に対応するようにRodは減少しなかった．さらに，3ヶ月にわたる−20℃

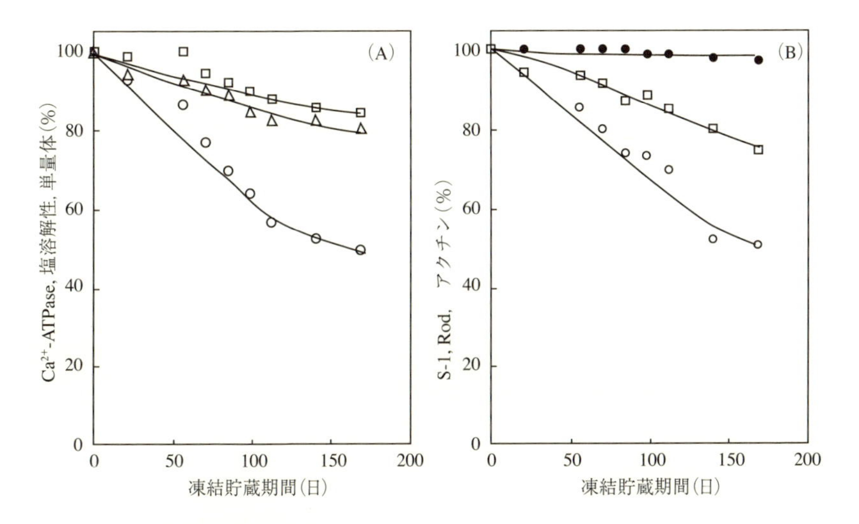

図9·6　ヒラメ肉の凍結貯蔵中のミオシンおよびアクチン変性
ヒラメ肉を−20℃で凍結貯蔵し，ホモジネートに変えてミオシン，アクチン変性を解析した．(A) Ca^{2+}-ATPase（○），塩溶解性（□），単量体ミオシン量（△）からミオシン変性を追跡した．(B) キモトリプシン消化法によりミオシンS-1（○），Rod（□），およびアクチン（●）の変性を追跡した．

での凍結貯蔵でアクチンに変性は起きていないことが確認された(図9・6B).

Mfと魚肉での大きなアクチン変性の有無の相違はタンパク質が置かれている環境から説明された．Mf(通常2～3 mg/ml程度)懸濁液が凍結するとき，その大部分(99.7～8％)を占める0.1 M NaCl中のNaClは水の氷結に伴い排出されるが，この時Mfも一緒に排出される．すると，Mfは多量の塩に曝されることになり，アクチン変性が起こる．一方，魚肉では水の凍結は限られた容量の筋細胞内で起こり，そこに含まれる塩が濃縮されても変性を引き起こすには不十分である考えられる

凍結変性は加熱変性とはかなり異なることが，詳細な研究から明らかになってきた．Mfは加熱では筋肉モデルとなるが，凍結ではならないことが明らかになった．これまでMfを用いて報告された重要な知見については再検討が必要である．

§2. 魚類ミオグロビンのメト化評価法

魚類筋肉の色調は品質の重要な指標である．鮮度低下や冷凍貯蔵により血合肉や赤身肉は鮮赤色から褐色に変化し商品価値を失う．この色調変化には組織内の酸素結合タンパク質ミオグロビン(Mb)分子の状態が反映している．Mbはデオキシ(deoxy)，オキシ(oxy)，メト(met)型の状態変化を示す．生体内では組織中の酸素分圧により，酸素と結合したoxyMbとして存在し，酸素分圧が低下すると酸素を解離し，同時にmetMbとなる．metMbは還元されてdeoxyMbとなり酸素結合能を再び得る．一方，死後の筋肉中ではmetMbは還元されないので，鮮度低下とともにmetMbが生成し蓄積され色調が褐色となる．したがい，Mb中のmetMbの比率を示すメト化率は品質の重要な指標として使われてきている．Mbのメト化率測定については，「マグロ肉」のメト化率測定法として開発された尾藤法[20]やモノカルボニルMb(CO-Mb)を調製して求める佐野らの方法[21,22]および畜肉Mbのメト化率測定法[23]などが応用されている．尾藤法以外の方法は，Mbメト化率の算出に際して多くの波長での測定を必要とし操作も煩雑なものが多い．

一方，佐野らの方法を簡易化した尾藤法は測定方法が簡便なため，マグロ以外の魚種のMbメト化率測定にも応用されてきた経緯がある．しかし，尾藤法

をマグロ以外の魚種のMbメト化率の測定に応用した論文では，即殺直後でもメト化率が40％を超える数値を示す報告が散見される[24-27]．実際に，佐野らは魚種が異なるとCO-Mbの可視部吸収スペクトルの540 nm付近に生じるα極大の波長およびこの極大波長におけるCO-MbとmetMbの吸光係数が異なることから，魚種ごとにメト化率測定法を検討しなくてはいけないことを指摘している[21]．筆者らがMb研究を開始した当初に尾藤法を応用したところ，即殺直後のカンパチMbのメト化率が40％と計算されてしまうことを確認し，改めて，魚種に合わせた適切なメト化率を求める方法の開発が必要であることを認めた[28]．

本章では，Mbメト化率測定方法の検討を硬骨魚類としてサバ科5種（ゴマサバ *Scomber australasicus*，マサバ *Scomber japonicus*，ミナミマグロ *Thunnus maccoyi*，カツオ *Katsuwonus pelamis*，クロマグロ *Tunnus thynnus*），アジ科3種（ブリ *Seriola quinqueradiata*，カンパチ *Seriola dumerili*，マアジ *Trachurus japonicus*），マダイ科1種（マダイ *Chrysophrys major*），サンマ科1種（サンマ *Cololabis saira*），ニシン科1種（マイワシ *Sardinops melanostictus*）の11種，および軟骨魚類ではアカシュモクザメ *Sphyrna lewini* について行い，これら12魚種のMbメト化率測定法を確立したので紹介する[29]．また，この方法を用いて，各種魚類MbのMbメト化速度について比較したのであわせて紹介する．

2・1　Mbメト化率測定法の検討

Mbのメト化率測定法を確立するために，落合ら[30,31]の方法に準じて精製したMbを使用した．従来法では筋肉水抽出液などの粗Mb溶液が使用されていたが，迅速に精製Mbを調製することができるようになり以下の試験が可能となった．Mbメト化率測定法を確立するためには，deoxyMb，oxyMb，metMbを調製し可視部吸収スペクトルの測定を行う必要がある．deoxyMbは精製Mb溶液にヒドロ亜硫酸ナトリウムを添加して調製した[32]．oxyMbはdeoxyMb溶液をスターラーで撹拌して調製した．metMbは，精製Mb溶液にフェリシアン化カリウムを添加して調製した[32]．

12魚種のMbのdeoxyMb，oxyMb，metMbの可視部吸収スペクトルを測定した結果，基本的な3種のMbのスペクトルの違いはいずれの魚種も同様に見られた．代表例としてブリのdeoxyMb，oxyMb，metMbの可視部吸収スペクトルを図9・7に示した．各スペクトルは典型的な3状態（deoxy-，oxy-，met-型）の可視部吸収スペクトルを示した．これら3状態のMbの可視部吸収スペクトルは1点で交わる等吸収点（isosbestic point, IS点と略）を有していた．他の魚種Mbについても同様な結果が得られた．このIS点の波長は，精製Mbを加熱によりメト化率を上昇させても変化しなかった．（図9・8A, B）

各魚種Mbメト化率算出式の検討は，3状態のMbが混在しても同一の吸光値を示すIS点を基準値として行った．以下にブリMbを例として説明する．

まず，3状態で吸収の変わらないIS点の吸収をBとする．次に，酸素結合に影響を受けないdeoxyMbとoxyMbのスペクトルが交差する3つの波長のうち最大吸収の吸光値をA_0とする．この吸光値A_0はdeoxyMbとoxyMbが同じ値を示す波長での吸光値なので，メト化率0％の状態を示す値である．また，100％metMbでは吸光値A_0と同じ波長での吸収はCまで低下する．これはメト化100％の指標となる．最後にA_0，Cの吸収の絶対値の代わりに3種で差がないBに対する相対値を用いる．すなわち，A_0/B，C/Bがそれぞれメト化率100％を示すことになる．

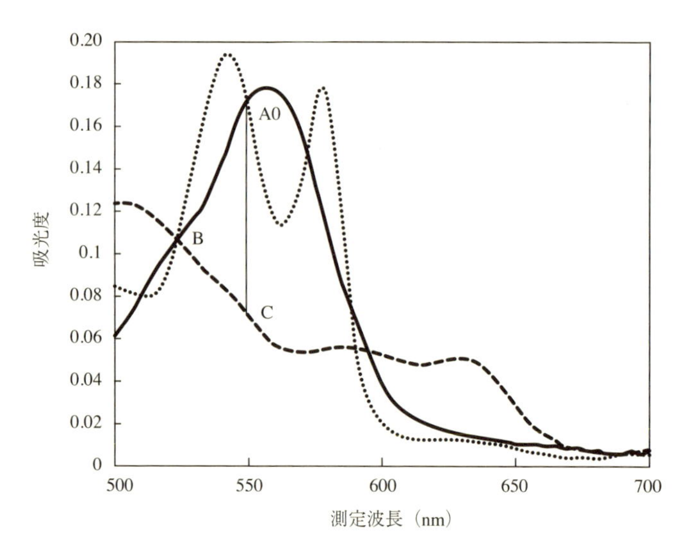

図9·7　ブリMb（deoxy, oxy, met型）の可視部吸収スペクトル
—：deoxyMb, ···：oxyMb, ---：metMb．図中のBが等吸収点である．

ブリ Mb のメト化率0％の A_0/B 値は1.65 ± 0.05（平均値 ± 標準偏差，n＝39）を，メト化率100％の C/B 値は0.65 ± 0.02（n＝39）と計算された．実際の試料では，524 nm で一定の吸収をもちながら548 nm での吸収が A_0 から C の間で変化することになるので，524 nm での吸収に対する548 nm での吸収の値は1.65から0.65まで低下する．これらの条件から，メト化率が求められる関係式が導かれる。以上の結果よりブリ Mb のメト化率算出式（1）を得た．

$$metMb\ (\%) = -99.70(A/B) + 164.96 \quad (1)$$

なお，A および B は Mb 溶液の548 nm，524 nm における吸光値である．

また，魚種を変えると各 Mb の deoxyMb と oxyMb のスペクトルが交差する吸収 A_0 および IS 点の波長は異なった．その波長における吸光値から A_0/B 値，C/B 値より各魚種 Mb のメト化率算出式を求め以下に示した．

ゴマサバ

$$metMb\ (\%) = -98.53(A/B) + 162.83 \quad (2)$$

なお，A および B は Mb 溶液の547 nm，524 nm における吸光値である．

マサバ

$$metMb\ (\%) = -98.79(A/B) + 164.87 \quad (3)$$

なお，A および B は Mb 溶液の547 nm，523 nm における吸光値である．

マダイ

$$metMb\ (\%) = -100.09(A/B) + 166.85 \quad (4)$$

なお，A および B は Mb 溶液の549 nm，525 nm における吸光値である．

ミナミマグロ

$$metMb\ (\%) = -96.23(A/B) + 162.79 \quad (5)$$

なお，A および B は Mb 溶液の549 nm，524 nm における吸光値である．

クロマグロ

$$metMb\ (\%) = -93.83(A/B) + 154.78 \quad (6)$$

なお，A および B は Mb 溶液の549 nm，523 nm における吸光値である．

カツオ

$$metMb\ (\%) = -99.03(A/B) + 164.13 \quad (7)$$

なお，A および B は Mb 溶液の547 nm，524 nm における吸光値である．

カンパチ

$$metMb\ (\%) = -134.84(A / B) + 195.03 \qquad (8)$$

なお，A および B は Mb 溶液の 547 nm，527 nm における吸光値である．

マアジ

$$metMb\ (\%) = -101.66(A / B) + 168.39 \qquad (9)$$

なお，A および B は Mb 溶液の 547 nm，524 nm における吸光値である．

サンマ

$$metMb\ (\%) = -98.44(A / B) + 159.69 \qquad (10)$$

なお，A および B は Mb 溶液の 548 nm，524 nm における吸光値である．

マイワシ

$$metMb\ (\%) = -104.67(A / B) + 167.83 \qquad (11)$$

なお，A および B は Mb 溶液の 548 nm，524 nm における吸光値である．

アカシュモクザメ

$$metMb\ (\%) = -122.20(A / B) + 167.74 \qquad (12)$$

なお，A および B は Mb 溶液の 550 nm，527 nm における吸光値である．

各魚種 Mb のメト化率算出式は，IS 点の波長や A 波長，および係数が異なるため統一式として表すことはできないが，ゴマサバとマサバの式については互換性があることを確認している[29]．

2・2　新規 Mb メト化率測定法と尾藤法との関係

Mb のスペクトルから新たに確立した Mb メト化率測定法で得られるメト化率と尾藤法を応用して算出した値との関係について検討した．各魚種精製 Mb にヒドロ亜硫酸ナトリウムを添加して還元し deoxyMb とした後，スターラー攪拌により oxyMb を調製した．なお，このような薬品処理を経て得た oxyMb を treated oxyMb，生成直後のメト化率が低く還元試薬処理をしていない oxyMb を native oxyMb と以下呼称する．

なお，精製直後のブリ Mb の treated oxy Mb(pH 7.5) を 25℃において 120 分まで加熱したときのスペクトル変化と，native oxyMb を 30℃で 120 分まで加熱したときのスペクトル変化をそれぞれ図 9・8 の A，B に示した．加熱時間に対応して metMb の生成が進行した．

図 9・8 のスペクトルデータから，今回確立したブリ Mb のメト化率算出式で

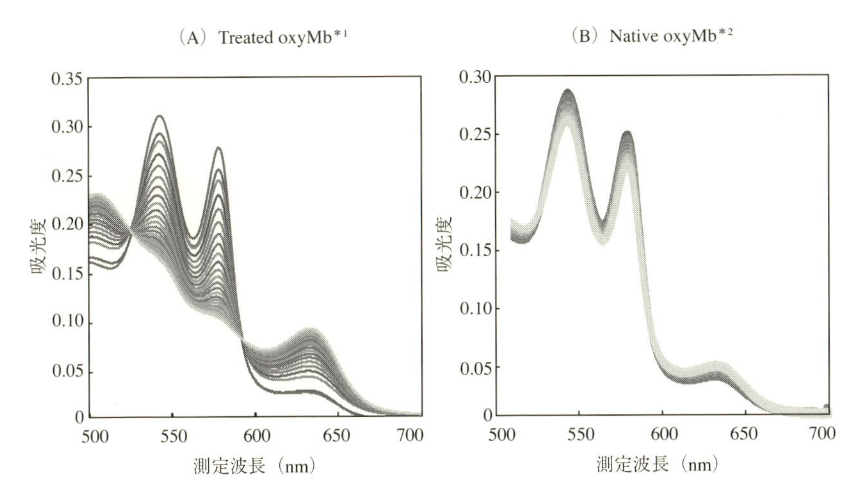

図 9･8　pH7.5 におけるブリ Mb の可視部吸収スペクトル変化
＊1，Treated oxyMb：薬品処理をして得られる oxyMb
＊2，Native oxyMb：還元試薬処理をしていない oxyMb

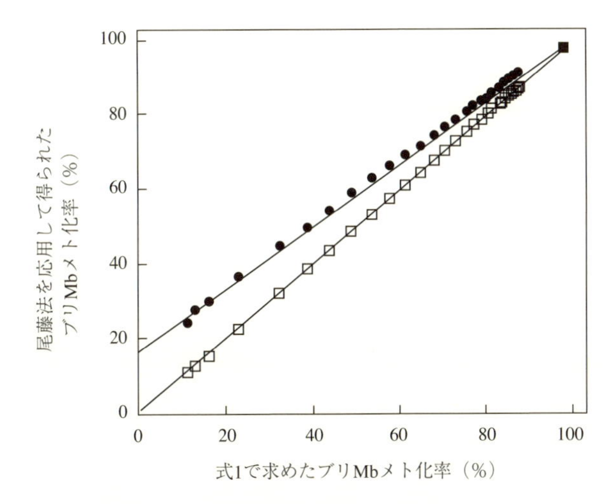

図 9･9　新規 Mb メト化率算出法と尾藤法との関係
(●)：尾藤法を応用して得られたブリ Mb メト化率．(□)：
今回確立したブリ Mb のメト化率算出式で求めたメト化率．

求めたメト化率と尾藤法を応用して得られた値との関係を図9・9に示した.

尾藤法を応用して算出した値は，メト化率が高く計算される傾向にあり，特にメト化率が低い場合には顕著であり，今回確立したメト化率より20％ほど高い値を示す結果となった[28]．しかしながら,尾藤法による値と今回確立した（Mbメト化率算出式）方法で得られるメト化率は，検討したすべての魚種で直線に近い関係を示したので，尾藤法で計算した値から今回確立したメト化率測定法によるメト化率に換算することが可能である．その換算式を魚種ごとに導出した．スペクトル測定時に抽出溶液の濁りがなければ，以下の式を用いて正確なMbメト化率の再計算ができる.

ブリ	$metMb$（%）=(A − 17.10)／0.85
ゴマサバ	$metMb$（%）=(A − 14.73)／0.96
マサバ	$metMb$（%）=(A − 18.78)／0.83
マダイ	$metMb$（%）=(A − 14.86)／0.86
ミナミマグロ	$metMb$（%）=(A − 7.00)／0.94
クロマグロ	$metMb$（%）=(A − 10.99)／0.89
カツオ	$metMb$（%）=(A − 18.30)／0.83
カンパチ	$metMb$（%）=(A − 22.00)／0.79
マアジ	$metMb$（%）=(A − 21.33)／0.78
サンマ	$metMb$（%）=(A − 21.09)／0.81
マイワシ	$metMb$（%）=(A − 23.97)／0.75
アカシュモクザメ	$metMb$（%）=(A − 21.84)／0.80

なお，A は尾藤法で求めた値である．換算式はMbメト化率算出式と同様に各魚種間で異なる式を示す結果となった.

2・3　魚類ミオグロビンの自動酸化速度の比較検討

12魚種のMbメト化率測定法を確立したので，各魚種Mbの30℃におけるメト化速度とそのpH感受性を比較した．各pH(6.0，6.5，7.0，7.5)溶液中でのnative oxyMbの30℃で加熱しMbメト化率の上昇を一時反応とみなして解析した．メト化速度恒数($kmet$, /min)は，加熱に伴うMbメト化率(%)の増加の関係から，次の式により算出した.

$kmet = \{ ln(metMbt) - ln(metMb_0) \} / t$

metMbt：30℃ t 分間加熱処理後の Mb メト化率,

$metMb_0$：30℃加熱処理前の Mb メト化率,

t：加熱処理時間（分),（$kmet$ の単位は /min）

各 pH におけるメト化速度 $kmet$ を求めた結果を表9・1に示した. pH 7.0, pH 7.5 におけるメト化の進行はいずれの魚種でも，非常に緩やかに進行した. しかし，pH 6.0 のメト化速度は大きく促進された. 一方，ミナミマグロやクロマグロ Mb では，pH 低下の影響を受けにくく，pH6.0 ～ 7.5 の間でメト化速度の差は小さかった.

pH 6.0 における Mb のメト化速度は魚種により差があり，メト化速度が速い魚種から，マイワシ＞サンマ＞ゴマサバ＞マダイ＞アカシュモクザメ＝マサバ＞カツオ＞ブリ＞マアジ＞カンパチ＞ミナミマグロ＞クロマグロであった. 一方，pH 6.5 では各魚種のメト化速度は 0.01 /min 台となるが，マダイ Mb のみが 0.038 / min という高い値を示し，マダイ Mb のメト化速度は pH の変化に対して敏感であることが示唆された.

表9・1　各種魚種 Mb のメト化速度に及ぼす pH の影響

	pH6.0	pH6.5	pH7.0
ブリ	0.040	0.015	0.007
ゴマサバ	0.053	0.017	0.015
マサバ	0.042	0.014	0.014
マダイ	0.050	0.038	0.017
ミナミマグロ	0.015	0.011	0.008
クロマグロ	0.013	0.014	0.011
カツオ	0.041	0.008	0.006
カンパチ	0.024	0.013	0.009
マアジ	0.025	0.015	0.009
サンマ	0.056	0.017	0.007
マイワシ	0.066	0.018	0.014
アカシュモクザメ	0.042	0.012	0.007

Native oxyMb*2 を 30℃で加熱処理し，30℃ t 分間加熱処理後の Mb メト化率と 30℃加熱処理前の Mb メト化率から，式 $kmet = \{ ln(metMbt) - ln(metMb_0) \} / t$. で算出.

*2：図9・8参照

2・4　Mbの還元剤処理がメト化速度に及ぼす影響

上記の解析において新法と尾藤法との関係を求めるため，最初にtreated oxyMbを作成し，その後25℃で加熱処理しメト化を進行させた．pHは7.5であったが，metMbが急速に生成する現象を確認していた（図9・8A）．

この結果から化学処理をして得たoxyMbは自然のoxyMbに比べてメト化の進行が速いのではないかと考えられた．そこで，pH 7.5で特にMbのメト化速度が遅かった6魚種(ゴマサバ，マサバ，ミナミマグロ，マダイ，ブリ，カンパチ)について，30℃におけるtreated oxyMbのメト化速度を算出し，native oxyMbのメト化速度(表9・1)と比較した結果を表9・2に示した．いずれの魚種もnative oxyMbとヒドロ亜硫酸ナトリウム添加により得られたtreated oxyMbとのメト化速度は，8～40倍程度大きくなった．以上の結果から還元剤処理により調製したtreated oxyMbの分子状態は，native Mbと大きく異なりメト化が進行しやすい状態となっていることが示唆された．Mbはメト化しやすいため精製処理に時間がかかった場合や市販Mbではmet型Mbとなっていることが多い．そのため，還元剤処理を行ってdeoxyMbとし，その後oxyMbを調製して研究に用いる(性状を測定する)ことがあるが，このような還元剤処理を行ったMbはnative Mbの分子状態とは異なることに注意を払う必要があることが明らかとなった．

水産物加工や鮮度保持技術の開発検討を行う際に，鮮度状態や色調を数値と

表9・2　Treated oxyMb*1 と Native oxyMb*2 のメト化速度の比較

	Native oxyMb	TreatedoxyMb
ブリ	0.004	0.165
ゴマサバ	0.009	0.275
マサバ	0.011	0.094
マダイ	0.014	0.099
ミナミマグロ	0.007	0.066
カンパチ	0.010	0.244

pH7.5溶液条件で30℃におけるTreated oxyMbのメト化速度を算出し，Native oxyMbのメト化速度と比較した．
＊1，＊2：図9・8参照

して示すことは非常に重要である．本研究では，各魚種の精製Mbから調製したoxyMb，deoxyMb，metMbの可視部吸収スペクトルは一点で交差するIS点を有し，このIS点における吸光値を基準値として新たにメト化率測定式（式1～12）を導くことができた．本研究成果が，魚類Mbの生化学的研究および鮮度と肉色変化に関する研究に応用されることを期待する．

文　献

1）福田　裕，柞木田善治，新井健一．マサバの鮮度が筋原繊維タンパク質の冷凍変性に及ぼす影響．日水誌 1984；5：845-852.

2）加藤　登，野崎　恒，小松一宮，新井健一．スケトウダラ冷凍すり身の一新品質判定法　冷凍すり身の筋原線維 ATPase 活性とかまぼこ形成能の関係．日水誌 1979；45：（8）1027-1032.

3）新井健一，高橋英明，斎藤恒行．魚類筋肉構成たんぱく質に関する研究 III. コイ筋肉アクトミオシンの凍結貯蔵における Sorbitol および Sucrose の変性防止について．日水誌 1970；36：232-236.

4）松本行司，大泉　徹，新井健一．コイ筋原繊維たんぱく質の冷凍変性に及ぼす糖の保護効果．日水誌 1985；51：（5）833-839.

5）松本行司，新井健一．魚類 筋原繊維タンパク質の熱変性と冷凍変性に対する糖類の保護効果の比較．日水誌 1986；52：（11）2033-2038.

6）Noguchi S, Matsumoto JJ. Studies on the control of the denaturation of fish muscle proteins during the frozen storage I. Preventive effect of Na-glutamete. *Nippon Suisan Gakkaishi*1970；36：1078-1087.

7）Noguchi S, Matsumoto JJ. Studies on the control of the denaturation of fish muscle proteins during the frozen storage II. Preventive effect of amino acids and related compounds. *Nippon Suisan Gakkaishi*1971；37：1115-1122.

8）岡田　猛，太田冬雄，猪上徳雄，秋場　稔．コイミオシンBの冷凍変性におよぼす KCl 濃度および凍結貯蔵温度の影響．日水誌 1985；51：（11）1887-1892.

9）岡田　猛，猪上徳雄，信濃晴雄．コイ F-アクチンの変性におよぼす KCl 濃度の影響 日水誌 1988；54：（11）2037-2042.

10）高取一磨，猪上徳雄，信濃晴雄．マイナス温度域未凍結条件下におけるミオシンBの変性に及ぼす KCl 濃度と貯蔵温度の影響．日水誌 1992；58：（4）751-758.

11）橋本昭彦，小林章良，新井健一．魚類筋原繊維 Ca-ATPase 活性の温度安定性と環境適応．日水誌 1982；48：（5）671-684.

12）室塚剛志，高士令二，新井健一．ウサギ骨格筋とティラピア背筋のミオシンおよびアクトミオシン $Ca2^{+}$-ATPase の温度安定性について．日水誌 1976；42：（1）57-63.

13）若目田篤，野澤誠子，新井健一．魚類筋原繊維 Ca-ATPase の加熱変性に及ぼす中性塩の影響．日水誌 1983；49：（2）237-243.

14）Konno K, Yamamoto T, Takahashi M, Kato S. Early structual changes in myosin rod upon heating of carp myofibrils. *J. Agric. Food Chem.* 2000；48：4905-4909.

15）舩津保浩，新井健一．酸処理によって起こるコイ筋原線維タンパク質の変性．日水誌 1990；56：（12）2061-2067.

16）若目田篤，新井健一．魚類ミオシンBより中性塩の存在下で解離するアクチンの

定量．日水誌 1985；51：(3) 497-502.
17) Jantakoson T, Thavaroj W, Konno K. Myosin and actin denaturation in frozen stored kuruma prawn Marsupenaeus japonicus myofibrils. *Fish. Sci.* 2013；79：341-347.
18) Kuwahara K, Konno K. Suppression of thermal denaturation of myosin and salt-induced denaturation of actin by sodium citrate in carp (Cyprinus carpio) *Food Chem.* 2010；117：999-1004.
19) Konno Y, Konno K. Myosin denaturation in "Burnt" Bluefin tuna meat. *Fish. Sci.*2014；80：381-388.
20) 尾藤方通．冷凍マグロ肉の肉色保持に関する研究 -1．冷凍貯蔵中の変色と抽出液の吸光曲線との関係．日水誌 1964；30：847-857.
21) Krzywicki K. The determination of hem pigments in meat. *Meat Sci.*1982；7：29-36.
22) 佐野吉彦，橋本周久．冷凍貯蔵中に於ける魚肉の変色に関する研究 -I. 混合溶液中の Fe^{II} 型及び Fe^{III} 型ミオグロビンの同時定量法について．日水誌 1958；24：519-523.
23) 佐野吉彦，橋本周久，松浦文雄．冷凍貯蔵中における魚肉の変色に関する研究 -Ⅱ．魚肉中の Fe^{II} 型及び Fe^{III} 型ミオグロビンの同時定量法．日水誌 1959；25：285-289.
24) Tsukamasa Y, Kato K, Bimol CR, Ishibashi Y, Kobayashi T, Itoh T, Ando M. Novel method for improving the antioxidative properties of fish meat by direct injection of sodium L-ascorbate into the blood vessels of live fish. *Fish. Sci.* 2013；79：349-355.
25) 石原則幸，荒木利芳，井上美佐，西村昭史，朱　政治，レカ・ラジュ・ジュネジャ，森下達雄．緑茶ポリフェノール給与飼育によるブリ筋肉氷蔵中の酸化防止効果．日食科工会誌 2000；47：767-772.
26) Arai H, Tani W, Okamoto A, Fukunaga K, Hamada Y, Tachibana K. Suppression of color degradation of yellowtail dark muscle during storage by simultaneous dietary supplementation of vitamins C and E. *Fish. Sci.*2009；75：499-505.
27) 大山憲一，栩野元秀，植田　豊，竹森弘征，多田武夫．養殖ブリの血合筋の褐変抑制に及ぼすオリーブ葉粉末添加飼料の投与効果．水産増殖 2010；58：279-287.
28) 井ノ原康太，黒木信介，尾上由季乃，濱田三喜夫，保　聖子，木村郁夫．筋肉内 ATP による冷凍カンパチ血合肉の褐変抑制．日水誌 2014；80：965-972.
29) 井ノ原康太，尾上由季乃，木村郁夫．各種魚類ミオグロビンのメト化率測定方法の検討．日水誌 2015；81：456-464.
30) 落合芳博，渡辺良明，内田直行，小澤秀夫，渡部終五．イワシクジラ骨格筋ミオグロビンの生化学的および熱力学的性状．日水誌 2010；76：686-694.
31) 落合芳博．クロマグロで発生したヤケ肉における肉質の変化および水溶性タンパク質の変性．日水誌 2010；76：695-704.
32) 泉本勝利，山口恭史，三浦弘之．食肉のメトミオグロビン形成とメトミオグロビン還元活性に及ぼす脱酸素と炭酸ガスの影響．帯大研報 1985；14：219-225.

10章　脂質劣化の評価法

田中竜介*

水産物の品質劣化の原因の一つとして脂質酸化が考えられる．とくに，水産物における脂質は，その化学的構造から酸化しやすく，酸化によって脂質酸化物を生じる．脂質酸化物は，水産物の独特の臭いや褐変などの官能的な変化を引き起こすだけではなく，脂質そのものの変化や他の食品成分と反応しそれぞれの栄養成分としての機能を低下させるため，品質劣化の観点からも注目すべきである．ここで水産物の脂質酸化を防止する方法の一つとして冷凍保管があるが，脂質酸化だけではなくその他の化学成分の反応を遅延させるため，品質の維持が保たれる．しかし，冷凍保管は冷凍方法によっては，組織中の水分が氷結晶となり組織を破壊し，脂質酸化を促進させる物質を溶出させることもある[1]．また，長期冷凍によって水分が昇華することによって，脂質とその他の化学成分の反応性が高まることも知られている[2]．このように冷凍保管による脂質の変化は，設定温度，保管期間，冷凍方法などの各種条件によって影響を受けることが考えられ，さらに試料の種類や冷凍保管前の品質状態にも留意すべきである．水産物に対する冷凍保管法を評価するには適切な評価法が必要とされるが，変化を受けやすい脂質の劣化を測定することは的確に評価できる方法の一つと考えられる．

本章では，冷凍水産物の評価法として脂質酸化物の一つであるアルデヒド類ならびに脂溶性抗酸化ビタミンであるビタミンEを指標とした評価方法を紹介し，これらの指標を用いて国内で流通・消費されている主要な冷凍水産物の品質評価を行った例について紹介する．

§1．品質評価指標としてのアルデヒド

水産物に含まれる脂質には機能性を有するエイコサペンタエン酸（EPA）やドコサヘキサエン酸（DHA）などのn-3系高度不飽和脂肪酸を多く含むことが知ら

＊ 宮崎大学農学部

れているが，その一方で酸化しやすい特徴をもつ．この高度不飽和脂肪酸は酸化によって，反応性の高いヒドロペルオキシラジカル，ヒドロペルオキシドを生成し，さらに，二次酸化物と呼ばれるアルデヒド・ケトンなどのカルボニル化合物に分解される[3]．これらの脂質酸化物は反応性が高く，脂質そのものの劣化に限らず，他の成分の機能を低下させる．このように，脂質酸化物はその高い反応性から水産物の品質に様々な影響を及ぼすため，これらを測定する方法が検討されている．

最近の報告で，アルデヒドの一つであり不飽和脂肪酸の酸化によって生じる 4-hydroxy-2-alkenal が，生体ならびに食品へ様々な影響を与えることで注目されている[4]．このなかで陸上動植物に多く含まれるリノール酸やアラキドン酸などのn-6 系不飽和脂肪酸の酸化から生じる 4-hydroxy-2-nonenal（HNE）は，タンパク質中のアミノ酸と容易に反応し，その機能を変化させる[5]．また，臨床的には循環器系疾患やアルツハイマー病などで確認されており，様々な研究が報告されている[6]．一方，水産物に多く含まれている EPA や DHA などの n-3 系不飽和脂肪酸の場合，酸化によって HNE に類似した 4-hydroxy-2-hexenal (HHE)が生成されることも報告されている[7]．したがって，水産物に特化した新しい品質評価法として HHE を指標とすることが考えられるが，HHE に関する研究報告は分析方法も含めて HNE と比較すると少ない．

筆者らは水産物に多く含まれる HHE ならびに n-6 系脂肪酸由来の HNE をはじめとしたアルデヒド類の一斉分析法を開発し[8]，これらを指標とした水産物の品質評価を行っている[9,10]．

§2. ビタミンEによる脂質劣化評価

脂質の酸化抑制には水産物そのものに含まれる脂溶性の抗酸化ビタミンがその効果を示している．とくにビタミンE(トコフェロール)は脂質を多く含む水産物に含まれ，それ自体が酸化されることによって，高度不飽和脂肪酸の酸化を防止している[11]．そのなかでも，α-トコフェロールはビタミンEの主成分であり生理活性も強く，生体や食品における脂質過酸化反応によって消失するため，その残存量は脂質の酸化指標として利用される[12]．さらに，α-トコフェロールそのものも体内で生理活性をもつことから，食品の機能性成分としても評価できる．

したがって，α−トコフェロールも冷凍水産物の品質指標として有効である．

§3, 4 ではα−トコフェロールを指標とした冷凍水産物の評価についても紹介する．なお，魚肉におけるビタミンEの主成分はα−トコフェロールであるため，以降の分析結果ではビタミンE含量をα−トコフェロール含量として評価した．

§3. 冷凍サンマスキンレスフィレの品質

サンマ *Cololabis saira* の有効利用の一つとして，冷凍スキンレスフィレへの加工があげられる．冷凍スキンレスフィレはラウンドと異なり様々な調理食材としての用途が可能で，流通および保蔵もラウンドと比較すると取り扱いが容易である．そこで，冷凍スキンレスフィレを加工する際，高品質の製品を得る

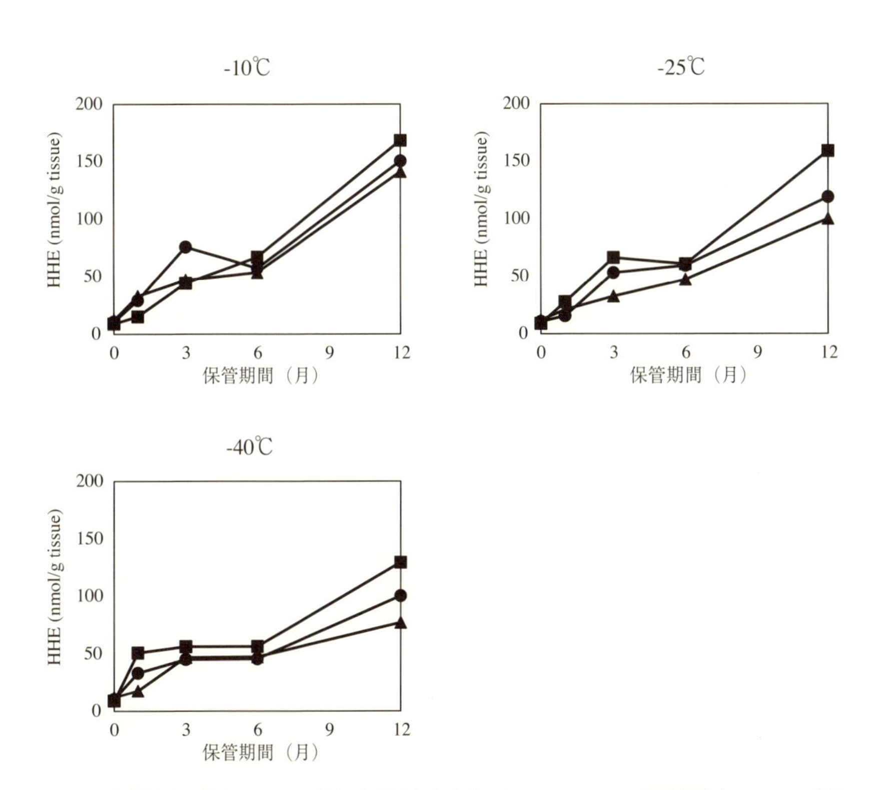

図 10･1　初期鮮度の異なるサンマ原料から製造した冷凍スキンレスフィレの冷凍保管中の HHE の変化
初期鮮度はそれぞれ K 値 3.9（▲），K 値 6.2（●），K 値 10.5（■）を示す．

ためには初期鮮度の高い原料が必要とされるが，サンマの場合，脂質含量ならびに高度不飽和脂肪酸の割合も高いため，脂質酸化が懸念されることから，その取り扱いに注意する必要がある．以降に示す冷凍スキンレスフィレについて，脂質酸化の観点からアルデヒド，ビタミンEの分析によって品質の評価を行った．

漁獲直後の高鮮度のサンマ(K 値：3.9)，このサンマを海水氷に1日浸漬させたサンマ(K 値：6.2)，2日浸漬させたサンマ(K 値：10.5）の3種類の鮮度の異なるサンマ原料から，スキンレスフィレを製造後，コンタクトフリーザーで急速凍結し，真空包装後，各温度帯(−10℃，−25℃，−40℃)で最大12ヶ月保管し，経時的にアルデヒド・ビタミンEの変化を観察した．

アルデヒド類は多くの種類が存在するが，脂質酸化の指標として，とくにn-3

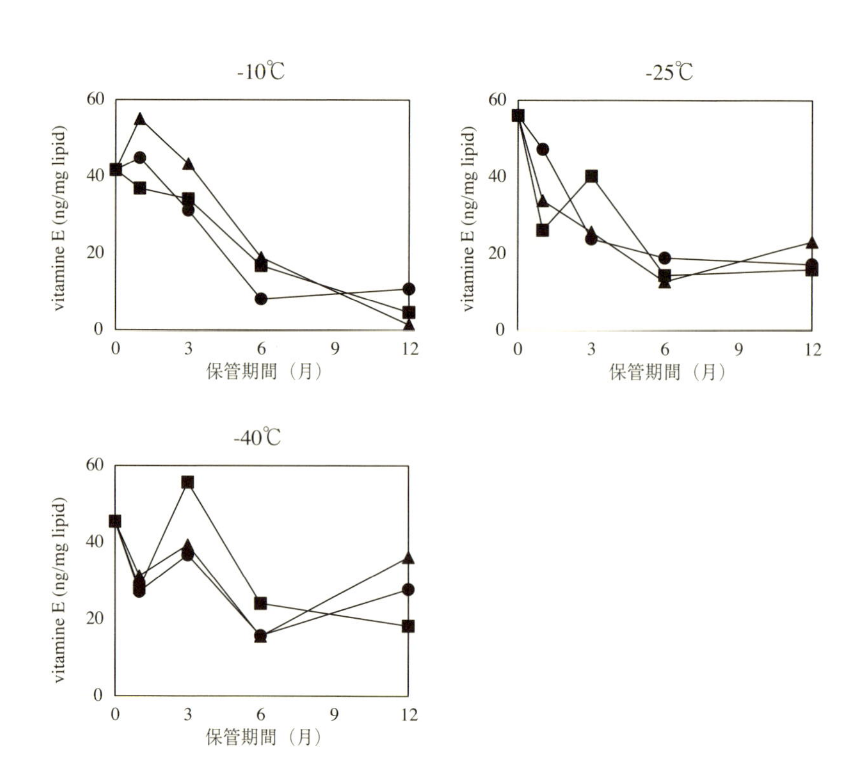

図 10·2　初期鮮度の異なるサンマ原料から製造した冷凍スキンレスフィレの冷凍保管中のビタミンEの変化
初期鮮度はそれぞれK値3.9（▲），K値6.2（●），K値10.5（■)を示す．

系脂肪酸の酸化によって生成される HHE の変化に着目した．図 10・1 に示すように，12 ヶ月の保管後，−10℃では HHE の増加が高かったが，−25℃と−40℃では−10℃と比較して増加が低く，また−25℃と−40℃との温度差による増加の違いは見られなかった．なお，3 つの冷凍温度帯とも，低鮮度試料（K 値: 10.5）の増加が高かったことから初期鮮度が低い場合，保管中に HHE が増加しやすいことが明らかとなった．また，他のアルデヒドも分析を行ったところ，HHE 含量の増加によって，魚臭成分の一つである propanal 含量も相関性をもって増加したことから，propanal も HHE 同様に水産物の品質評価の指標として利用できることが示唆された．

ビタミン E 含量を分析した結果，図 10・2 に示すように，12 ヶ月保蔵した結果，HHE の結果に反映して，−10℃ではビタミン E は初期鮮度に関わらず著しく減少し，ほとんど残存していなかった．ビタミン E の著しい減少を考慮した場合，12 ヶ月以降の保蔵により急激な脂質酸化が予測されるため，生食での利用は難しいと考えられる．−25℃と−40℃では増減の変動が激しかったが−10℃での減少より低く，12 ヶ月には両者とも 20 〜 30 ng/mg lipid 残存していた．また，−25℃と−40℃の温度差による増減の違いは見られなかった．

以上の結果から，HHE ならびにビタミン E を指標として冷凍サンマスキンレスフィレの評価を行った結果，初期鮮度が高い原料では−20℃の保管でも品質が保たれることが明らかとなった．

§4. 冷凍クロマグロブロックの品質

4・1　冷凍クロマグロブロックの調製

クロマグロ *Thunnus orientalis* は養殖技術の進歩により国内での生産ならびに生鮮状態での流通が行われているが，国内で食材として流通しているものの多くは，日本近海または海外で漁獲されたものを船上で凍結を行った冷凍品が主流である．とくに冷凍保管では冷凍温度に留意する必要がある．冷凍マグロ類の船上および陸上施設における冷凍保管に関しては，相当なエネルギー消費を伴う超低温（−60℃以下）の温度設定による製品管理が一般的に行われているが，冷凍保管温度と品質に関する科学的根拠は必ずしも明確ではない．例えば−60℃より高い温度での保管によって品質レベルに差違が見られなければ，

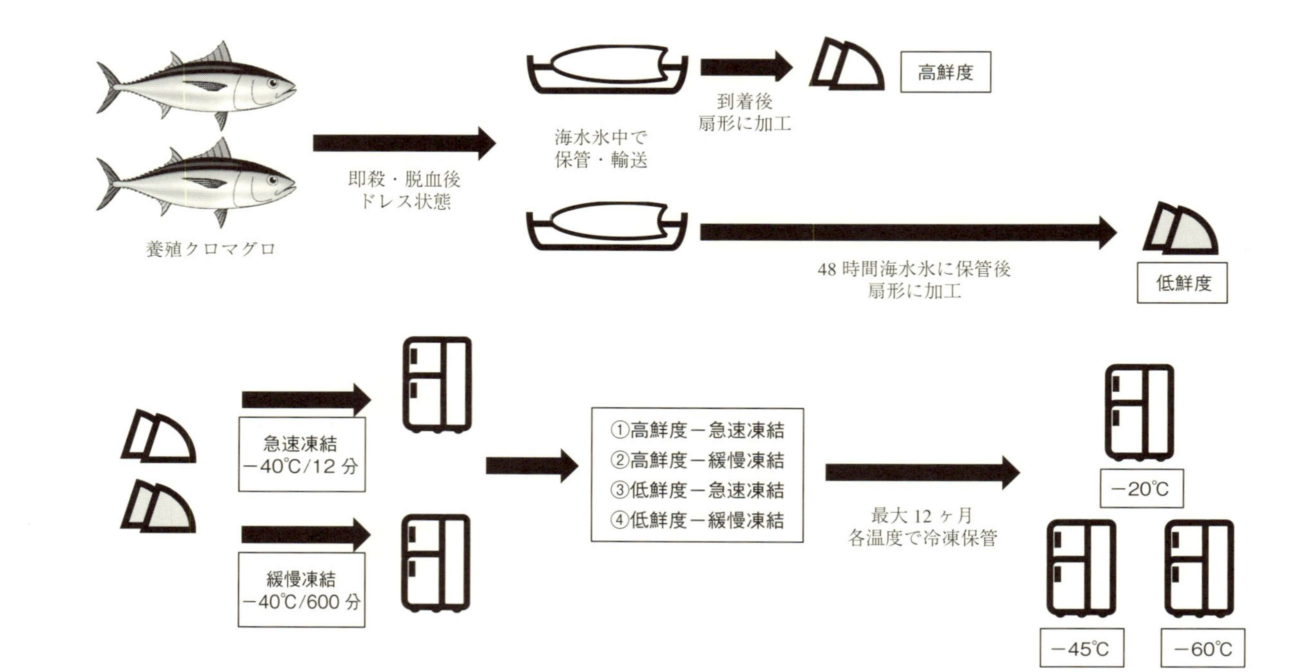

図 10･3　初期鮮度，凍結方法，冷凍保管温度の異なるクロマグロ魚肉ブロックの調製方法

冷凍庫のエネルギー消費の軽減に貢献できる．また，漁獲時の初期鮮度，凍結速度，保管期間によっても品質は大きく影響を受けることから，冷凍保管の諸条件と品質との関係を明らかにすることにより，エネルギー消費の改善を見据えた冷凍マグロ類の適正な温度管理が可能となる．

本研究では，冷凍マグロ類の適正な保管温度を検証するために以下の実験を行った．分析試料の調製方法については図10・3に示す．鮮度の異なる2尾の養殖クロマグロから魚肉ブロックを調製し，急速または緩慢凍結を行った後，脱気包装後，−20℃，−45℃，−60℃の温度で最大12ヶ月冷凍保管を行った．すなわち，初期鮮度と凍結速度が異なる①高鮮度－急速凍結②高鮮度－緩慢凍結③低鮮度－急速凍結④低鮮度－緩慢凍結の4種類の試料が調製され，これらの試料について，保管温度，保管期間による冷凍マグロの品質の変化について，経時的に過酸化物価・ビタミンEを分析し，アルデヒドについては12ヶ月後の含量について評価を行った．

4・2　過酸化物価による冷凍クロマグロブロックの評価

養殖クロマグロのブロックを人為的に鮮度低下させた結果，高鮮度試料ならびに低鮮度試料のK値はそれぞれ0.7％，7.3％であった．図10・4に示すように，高鮮度ならびに低鮮度試料の過酸化物価は，それぞれ1.32，1.45 meq/kg lipidであり顕著な差は見られなかった．また，引き続き急速凍結ならびに緩慢凍結を行っても過酸化物価の著しい変化は見られず，凍結速度による違いも見られなかった．3ヶ月の保管では，試料の品質ならびに保管温度による過酸化物価の差は見られなかった．7ヶ月の保管では−20℃の場合，高鮮度＜低鮮度，急速凍結＜緩慢凍結で過酸化物価が増加したが，−45℃と−60℃では3ヶ月と比較した場合それぞれが増加したものの，−45℃と−60℃の間に差は見られなかった．12ヶ月後の保管では，−20℃ではさらに上昇し，−45℃と−60℃では7ヶ月と比較した場合それぞれが増加したものの，−45℃と−60℃に差は見られなかった．

4・3　ビタミンEによる冷凍クロマグロブロックの評価

ビタミンEは図10・5に示すように，3ヶ月の保管では，−20℃保管の場合，高鮮度－急速凍結試料以外は減少が見られ，7ヶ月の保管により，全ての試料が減少し，高鮮度＜低鮮度，急速凍結＜緩慢凍結の順番で減少した．−45℃と−60℃

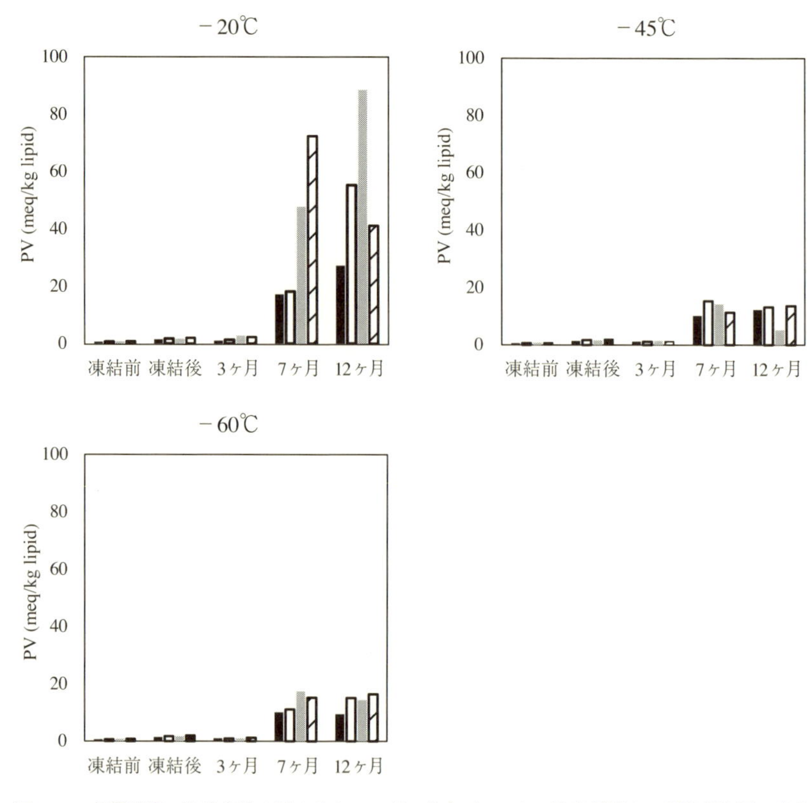

図 10･4　初期鮮度，冷凍方法の異なるクロマグロ魚肉ブロックの冷凍保管中の過酸化物価の変化
初期鮮度－冷凍方法の違いはそれぞれ，高鮮度－急速凍結■，高鮮度－緩慢凍結□，低鮮度－急速凍結■，低鮮度－緩慢凍結▨　を示す．

保管の場合，7ヶ月の保管までは著しい減少は見られず保管温度による差も見られなかった．12ヶ月後の保管では，－60℃保管の高鮮度－急速凍結の試料以外は減少が見られた．

4・4　アルデヒド類による冷凍クロマグロブロックの評価

アルデヒド類の分析については，12ヶ月後の変化について，HHE だけではなく HHE と相関性の高い propanal，n-6 系不飽和脂肪酸の酸化分解に由来する HNE，HNE と相関性の高い 1-hexanal について着目した．図 10・6 に示すように，12ヶ月の保管後，－60℃保管の場合，各アルデヒドは微量に検出されたが，鮮度・凍結速度による違いは見られなかった．－45℃保管の場合，過酸化物価では

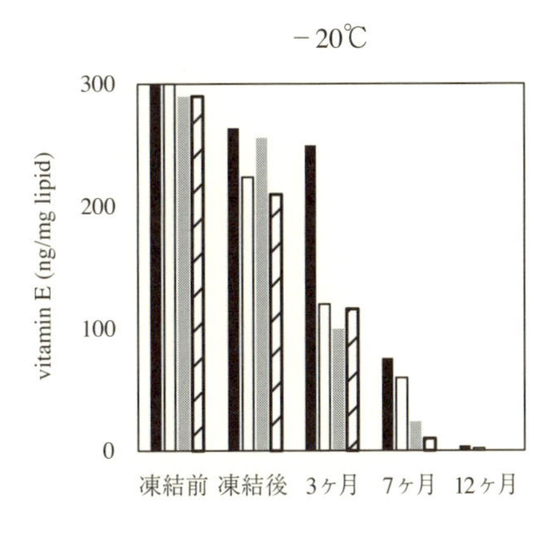

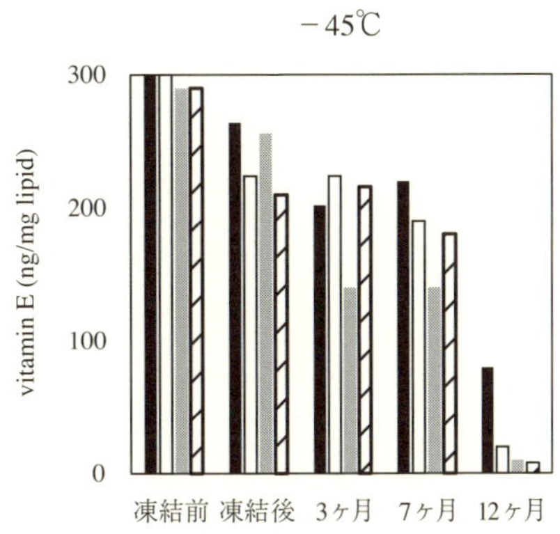

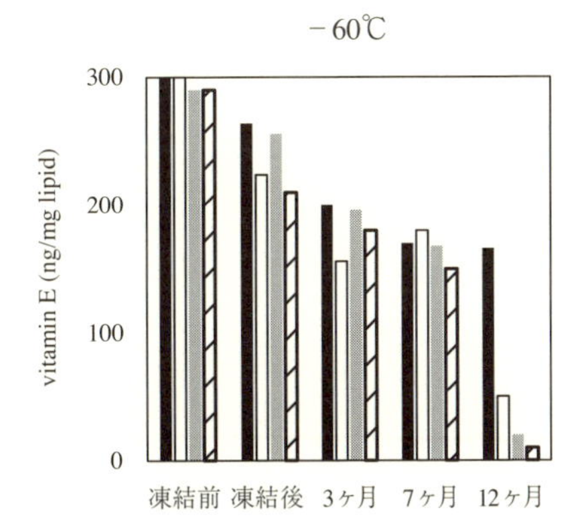

図 10·5　初期鮮度，冷凍方法の異なるクロマグロ魚肉ブロックの冷凍保管中のビタミン E の変化
初期鮮度－冷凍方法の違いはそれぞれ，高鮮度－急速凍結■，高鮮度－緩慢凍結□，低鮮度－急速凍結■，低鮮度－緩慢凍結▨　を示す．

−60℃との差は見られなかったが，全てのアルデヒドで高鮮度＜低鮮度，急速凍結＜緩慢凍結を示した．とくに HHE と相関性の高い propanal が高い含量を示し，水産物の臭いに関する品質劣化を評価している．−20℃保管の場合，全てのアルデヒドで−45℃保管より高い値を示し，1-hexanal は高鮮度＜低鮮度，急速凍結＜緩慢凍結を示した．品質劣化のレベルが高い低鮮度－緩慢凍結における propanal は，他の試料と比較した場合，同レベルもしくはそれ以下であり，12 ヶ月保管後の過酸化脂質においても低鮮度－緩慢凍結試料は同じような傾向を示している．これは，著しい脂質酸化によって，ヒドロペルオキシラジカル，

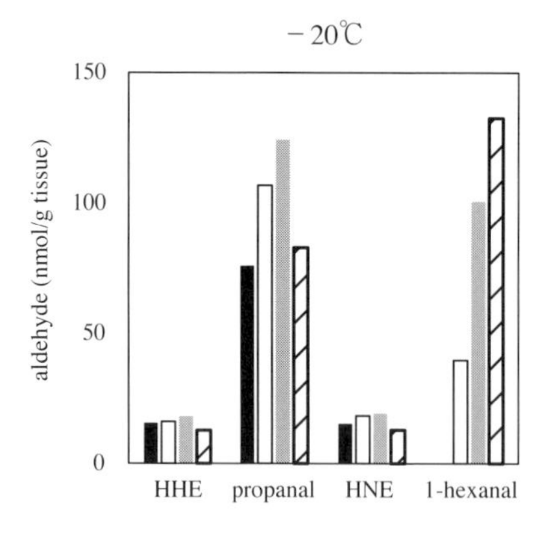

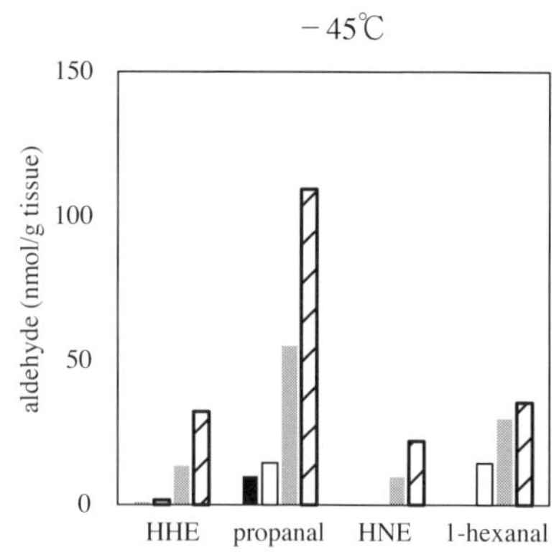

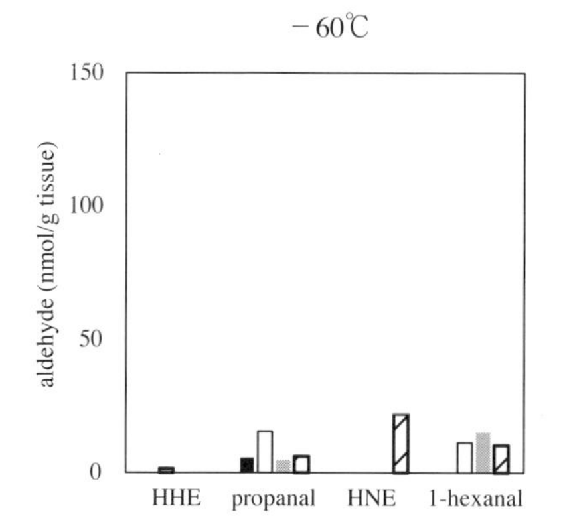

図 10･6　初期鮮度，冷凍方法の異なるクロマグロ魚肉ブロックの冷凍保管 12 ヶ月後のアルデヒド類の含量
初期鮮度－冷凍方法の違いはそれぞれ，高鮮度－急速凍結■，高鮮度－緩慢凍結□，低鮮度－急速凍結▒，低鮮度－緩慢凍結▨　を示す．

ヒドロペルオキシドの生成，二次酸化のアルデヒド・ケトンなどのカルボニル化合物への分解を経過し，さらに酸化物の重合化が進行したものと推測される[13]．そのため，過酸化脂質，アルデヒドの含量が他と比較し低い値を示したものと考えられる．

以上の結果から，過酸化物価，HHE ならびにビタミン E を指標として冷凍クロマグロの評価を行った結果，脂質関連物質の観点から低鮮度より高鮮度，緩慢凍結より急速凍結がよい品質状態を示した．また，－45℃で 12 ヶ月保管した場合，高鮮度であれば凍結方法に関係なく−60℃保管と同等の品質が維持できたが，低鮮度−緩慢凍結の場合は，propanal の含量が高くなるので注意する必要がある．したがって，現在流通しているマグロ類の保管・流通温度が−60℃付近に設定されているが，脂質関連物質の変化の観点から，高鮮度の試料であれば保管・流通温度を−45℃に設定しても品質が維持できることが示唆された．

§5. まとめ

本章では，サンマならびにクロマグロの冷凍品について，水産脂質に由来するアルデヒド類ならびにビタミンEを指標として品質評価を行った．アルデヒド類，とくにHHEを指標とすることにより水産物の品質状態に応じて変化する脂質酸化が評価できたため，水産物の新しい品質指標としての利用が期待できる．また，ビタミンEは残存量がゼロに達すると，著しく脂質酸化が進行することから，ビタミンE含量を把握することにより水産物の保管の可能性を評価することが可能となる．これらの指標を利用することにより正確な水産物の品質状態を評価することが期待できる．

本分析を通じて，国内に流通している冷凍水産物は様々な脂質酸化レベルを示し，また，脂質酸化を抑制するためには，単に冷凍温度や期間だけではなく水産物の初期鮮度や取り扱い方法にも注意する必要があることが示された．さらに冷凍エネルギーの省力化の観点からも，初期鮮度や取り扱い方法に留意することによって，現在の設定温度より高い温度での保管が可能となることも示された．冷凍水産物は多種多様な形態で存在するため，本結果を冷凍水産物の脂質酸化と品質に関する知見の一つとして参考にしていただければ幸いである．

文　献

1）Frankel EN. Foods. In: Frankel E N (ed). *Lipid oxidation*, The oily press LTD. 1998；338-344.

2）花岡研一，豊水正道．魚肉の凍結によるリン脂質分解促進．日水誌 1979；45（4）：465-468.

3）Frankel EN. Hydroperoxide formation. In: Frankel E N (ed). *Lipid oxidation*, The oily press LTD, 1998；25-46.

4）Surh J, Lee S, Kwon H. 4-Hydroxy-2-alkenals in polyunsaturated fatty acids-fortified infant formulas and other commercial food products. *Food Addit. Contam.* 2007；24（11）:1209-1218.

5）Watanabe T, Pakala R, Katagiri T, Benedict CR. Lipid peroxidation product 4-hydroxy-2-nonenal acts synergistically with serotonin in inducing vascular smooth muscle cell proliferation. *Atherosclerosis* 2001；155（1）：37-44.

6） Selley ML, Close DR, Stern SE. The effect of increased concentrations of homocysteine on the concentration of (E)-4-hydroxy-2-nonenal in the plasma and cerebrospinal fluid of patients with Alzheimer's disease. *Neurobiol. Aging* 2002；23（3）：383-388.

7） 中村　孝，豊水正道，永元俊春．アミノ酸と反応する脂質分解物 - 自動酸化リノレン酸メチル中の 4-hydroxy-2-hexenal, 9-formyl methyl-8-nonenoate, 10-formyl methyl-9-decenoate の同定．日水誌 1977；43（9）：1097-1104.

8） Tanaka R, Sugiura Y, Matsushita T. Simultaneous identification of 4-hydroxy-2-hexenal and 4-hydroxy-2-nonenal in foods by pre-column fluorigenic labeling with 1, 3-cyclohexanedione and reversed-phase high-performance liquid chromatography with fluorescence detection. *J. Liq. Chromatogr. R. T.* 2013；36：881-896.

9） Tanaka R, Ishimaru M, Hatate H, Sugiura Y, Matsushita T. Relationship between 4-hydroxy-2-hexenal contents and commercial grade by organoleptic judgement in Japanese dried laver *Porphyra spp. Food Chem.* 2016；212：104-109.

10） Tanaka R, Shigeta K, Sugiura Y, Hatate H, Matsushita T. Accumulation of hydroxyl lipids and 4-hydroxy-2-hexenal in live fish infected with fish diseases. *Lipids* 2014；49（4）：385-396.

11） Packer L, Obermuller-Jevic UC. Vitamin E: An introduction. In: Packer L, Traber, M G, Kramer K, Frei B. (eds). *The antioxidant vitamins C and E,* AOAC PRESS, 2002; 133-151.

12） Kramer J K G. A rapid method for the determination of vitamin E forms in tissues and diet by high-performance liquid chromatography using a normal-phase diol column. *Lipids* 1997；32（3）：323-330.

13） Marqez-Ruiz G, Dobarganes MC. Analysis of nonvolatile lipid oxidation compounds by high-performance size-exclusion chromatography. In: Kamal-Eldin, A, Pokorny J. (eds). *Analysis of lipid oxidation.* AOAC PRESS. 2005；1-7.

索 引

〈さ行〉

本書の基礎となったシンポジウム

平成28年日本水産学会春季大会
「水産物に関わる冷凍研究の課題と展望」

企画責任者：岡﨑恵美子（海洋大院）・木村郁夫（鹿大水）・今野久仁彦（北大院水）・福島英登（日大生物資源）・鈴木 徹（海洋大院）

閉会の挨拶　岡﨑恵美子（海洋大院）

Ⅰ．冷凍基本技術の重要性　座長：木村郁夫（鹿大水）
1. 凍結-保管-解凍　3ステップシステムと品質　鈴木　徹（海洋大院）
2. 水産物の冷凍保管条件と品質　岡﨑恵美子（海洋大院）

Ⅱ．生化学的制御による冷凍水産物の高品質化　座長：今野久仁彦（北大院水）
1. 筋肉内ATPによる変性抑制　木村郁夫（鹿大水）
2. 温度条件による寒冷収縮と解糖作用の制御　中澤奈穂（海洋大院）
3. ホルムアルデヒド生成制御の効果　福島英登（日大生物資源）

Ⅲ．冷凍新技術　座長：鈴木　徹（海洋大院）
1. 食品冷凍への過冷却利用とその効果　君塚道史（宮城大食産）・小林りか（海洋大院）
2. 不凍タンパク質の活用　萩原知明（海洋大院）
3. 冷凍による寄生虫リスクの低減　竹内　萌（青森食総研）

Ⅳ．水産物の品質評価法の進歩　座長：岡﨑恵美子（海洋大院）
1. 迅速かつ簡易的な氷結晶・組織観察法　河野晋治（前川製作所）
2. タンパク質変性評価法　今野久仁彦（北大院水）
3. アルデヒド類・ビタミン類による脂質劣化の評価法　田中竜介（宮崎大農）
4. 魚類ミオグロビンのメト化評価法　井ノ原康太（鹿大院連農）

Ⅴ．総合討論　座長：今野久仁彦（北大院水）

閉会挨拶　鈴木　徹（海洋大院）

（講演者名及び所属は講演時のものである）

水産学シリーズ〔186〕　定価はカバーに表示

水産物の先進的な冷凍流通技術と品質制御
－高品質水産物のグローバル流通を可能に－

Innovative technologies for improving the quality of marine products in frozen state
－Global distribution of high quality marine products－

平成29年3月30日発行

編　者　岡﨑惠美子
今野久仁彦
鈴木　徹

監　修　公益社団法人
日本水産学会

〒108-8477　東京都港区港南　4-5-7
東京海洋大学内

発行所　〒160-0008
東京都新宿区三栄町8
Tel　03（3359）7371
Fax　03（3359）7375
株式会社　**恒星社厚生閣**

印刷・製本　㈱ディグ